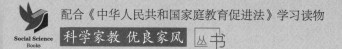

配合《中华人民共和国家庭教育促进法》学习读物

科学家教 优良家风 丛书

U061844?

书主编◎赵 刚

本册作者◎张 聪

家风

好家风成就好孩子

吉林出版集团股份有限公司

全国百佳图书出版单位

图书在版编目（ＣＩＰ）数据

家风：好家风成就好孩子/张聪著.--长春：吉
林出版集团股份有限公司,2022.4（2023.9重印）
（科学家教　优良家风丛书/赵刚主编）
ISBN978-7-5731-1468-6

Ⅰ.①家… Ⅱ.①张… Ⅲ.①家庭道德－中国－通俗
读物Ⅳ.①B823.1-49

中国版本图书馆CIP数据核字（2022）第056783号

JIAFENG: HAO JIAFENG CHENGJIU HAO HAIZI

家风：好家风成就好孩子

著　　者	张　聪	
责任编辑	杨亚仙	
装帧设计	刘美丽	

出　　版	吉林出版集团股份有限公司
发　　行	吉林出版集团社科图书有限公司
地　　址	吉林省长春市南关区福祉大路5788号　邮编：130118
印　　刷	山东新华印务有限公司
电　　话	0431-81629711（总编办）
抖 音 号	吉林出版集团社科图书有限公司37009026326

开　　本	720mm×1000mm　1/16
印　　张	11.75
字　　数	120千
版　　次	2022年4月第1版
印　　次	2023年9月第2次印刷

书　　号	ISBN978-7-5731-1468-6
定　　价	40.00元

如有印装质量问题，请与市场营销中心联系调换。0431-81629729

好家风培育好家人

家庭这个以婚姻、血缘或收养关系而形成的社会最小组织单位，具有其他任何社会组织都无法比拟、无法具备的多元功能。家庭之所以能够对人产生深远而持久的影响，其原因在于家庭成员能够共同创生一种特有的精神风貌——家风。

家风，是一个家庭在长期延续过程中所形成的独特的风气与风貌，是一个家庭精神风貌的集中体现。虽然家风是一种看不见、摸不着的风尚习气，然而这种隐性的精神形态却始终存续于家庭日常生活中，深刻地影响着家庭成员的思维方式与行为习惯。因此，创生良好家风成为千千万万个家庭持续努力的重要方向，也成为推动家庭成员不断迈向成功的不竭动力。

中华民族始终高度重视家风建设，并将"家"与"国"紧密相连。《大学》有云："一家仁，一国兴仁；一家让，一国兴让；一人贪戾，一国作乱。"其意思是说，国君的家庭仁爱相亲，那么一个国家也会兴起仁爱之情；国君的家庭礼貌谦让，那么一个国家也会兴起礼让之风；国君一个人贪婪暴戾，那么一个国家也会动荡不安、风雨飘摇。可以说，2000多年前的古人就已经充分认识到家风建设不仅对个人修养具有重要价值，而且对于国家发展具有深远影响。《大学》中论及"格物、致知、诚意、正心、修身、齐家、治国、平天下"，其中"齐家"发挥着关键性的承上启下的作用，这意味着良好家风对于一个人的内在涵养、一个国家的持续发展均具有重要意义。

无数名家积极致力于创建良好家风，培养优秀人才。梁启超的9个子女，每个人都是栋梁之材，被誉为"一门三院士，九子皆才俊"；傅雷的两个儿子，一位是著名钢琴家，另一位是英语特级教师。"家之兴替，在于礼义，不在于富贵贫贱"的家风，深刻地影响着家庭成员的财富观与生活方式，在推崇"礼义"的过程中提升了家庭的精神品质，这也是很多名家不断追求的家风内涵。

家风建设已经成为当前我国社会主义精神文明建设的重要组成部分。在云南省腾冲市和顺古镇，有一个长达400多米的家风文化长廊，呈现了古镇独特的家风文化。错落分布的20多组精美石雕，意蕴悠长的18个家风故事，内涵深刻的走夷方、励志、孝道等16个篇目，充分展现了当地群众高度重视家风建设的变迁历程。"富贵难传三代，书香可继百世。"这句民间谚语，生动地反映出和顺古镇优良的家风传统。

自2022年1月1日起，《中华人民共和国家庭教育促进法》正式施行。这是我国家庭教育领域乃至社会生活发展中的一件大事。这部法律的第十五条明确指出，"未成年人的父母或者其他监护人及其他家庭成员应当注重家庭建设，培育积极健康的家庭文化，树立和传承优良家风，弘扬中华民族家庭美德，共同构建文明、和睦的家庭关系，为未成年人健康成长营造良好的家庭环境"。其中，"树立和传承优良家风"不仅是建构高质量家庭教育的内在要求，而且也是推动并优化社风、政风、世风等的精神动力。为了更加清晰地呈现家风的内涵、价值及其发展历程，本书从家风的内容、作用、典范及其社会治理作用四个方面介绍了家风对于家庭建设、社会管理、国家治理的作用与价值，期待每个社会成员从建设好家风、培育好家人开始，成为推动社会主义精神文明建设的践行者。

赵刚 张聪

写于《中华人民共和国家庭教育促进法》
实施后的第一个家庭教育宣传周
（2022年5月）

目 录
CONTENTS

第三章 家风的典范

第四章 好家风推动社会治理

第一章
家风的内容

　　家，是幸福温馨的港湾，是社会发展的细胞，也是国家繁荣昌盛的重要基石。家风，正是一个家庭或家族世代相传而形成的风尚、风气，也是一种隐性的家庭价值准则与行为遵循。中华民族历来高度重视家风建设，家风也潜移默化地转化为中国人内心深处的处世方式。因此，建设好家风，不仅对构建文明家庭具有重要意义，而且也对每个人的成长具有重要影响。

为更加清晰地阐述新时代家风的独特意蕴，本书从"孝""善""德""勤""和""学"等家风内涵入手，深入分析家风对孩子、社风、政风、党风、文化以及文明的独特作用，并概述了多位名家的家风家训及其现实启示，同时厘清了好家风与社会治理的内在逻辑。本书通过呈现这些内容，试图为新时代家风建设本体论与方法论提供多方面的借鉴，进而推动中国特色社会主义家庭建设。

"家风"一词，最早见于西晋文学家潘岳的《家风诗》。家风作为家庭的文化和传统，表现的是一个家庭的气质与习惯，折射出一个家庭有别于其他家庭的差异之处。家风一般是指一种由父母或祖辈提倡，并身体力行、言传身教的风尚与作风，用以约束和规范家庭成员。作为家庭的文化道德氛围，家风具有强大的感染力和推动力，是家庭伦理和家庭美德的集中体现。

中华民族自古以来非常重视家风建设，给予家风以丰富的文化内涵。以"孝""善""德""勤""和""学"等为主题的家风，至今仍具有重要的教育意义。在文化多元化、经济全球化的时代背景下，回顾这些不同主题的家风内涵，理解这些家风内涵的现实启示，对进一步推动我国家庭文明建设、促进社会主义精神文明建设具有重要意义。

第一节　"孝"的家风

当前，我国处在快速发展的阶段，全球化的步伐越来越快，国与国之间的联系越来越密切。中国作为一个东方传统大国，自然会受到来自西方不同的价值观念的冲击，在家风建设中应既强调平等、自由，又注重尊老爱幼、孝敬长辈。近年来，一些虐待老人的恶性事件的发生，使得我们不断反思"孝"的家风的重要性。

古人云：百善孝为先。孝敬父母、尊师敬长是中华民族的传统美德，也是营造良好家风的必备要素。

孝敬父母，不是做一件轰轰烈烈的大事，也不是拿出十分丰厚的物质补偿，而是陪父母聊聊天、说说话，为父母做顿饭，带父母外出散散心……这些点滴小事都能够以实际行动印证"孝"的良好家风。

"谁言寸草心，报得三春晖。"对于孩子而言，孝顺父母其实很简单。在父母下班回家时，为父母递上一杯热茶；在父母伤心难过时，为父母送上一句温暖的话语；在父母工作劳累时，为父母揉揉肩、捶捶背、捏捏腿……实际上，哪怕只是简单的问候，说一说学习上、

工作上、生活上的近况，都能够让父母感知到来自子女的孝心，让孝的家风更好地体现出来。

现代社会中，交通工具的发达、信息工具的便捷，带来了子女和父母在空间上的距离感。但是，每当春节来临的时候，当我们看到机场、车站、码头那么多儿女不远千里返回家中的时候，我们会想：这正是中国人阖家团圆的真实体现，而阖家团圆背后，隐含着"孝"的优良家风。

电视上曾播放这样一则公益广告：一位年轻的妈妈给自己的母亲洗脚，并告诉老人热水洗脚的好处。这温馨的一幕被孩子看到了，孩子也为自己的妈妈端来了洗脚水，并说："妈妈，洗脚！"虽然孩子还端不稳那盆热水，水花溅到了他的脸上，但这丝毫没有影响孩子的热情。而这正是"孝"的家风的充分体现和最好传承。

一、"孝"的家风表现

"孝"的家风有很丰富的内涵，具体表现为爱、养、畏、敬、终、忠。在法律要求上，孝的最低标准是"养"，即养父母，而在悠久的中华历史文化传承上，孝的最高价值追求是"忠"，即忠于国家。

（一）爱

"爱"是"孝"的内核，孝是建立在爱的基础上的，爱是凝

聚家庭的力量，更是形成家风内涵的真正力量。爱首先要求爱自己，"身体发肤，受之父母"，要保护自己不受到伤害，还要积极奋进，让父母放心舒心；其次还要求爱家人，父慈子孝、儿女敬爱、互帮互助、共同向上。

（二）养

《礼记》曰："孝者，畜也。"畜者，养也。你养我小，我养你老。从古至今，中华民族对于孝的普遍认同是父老子养，这也决定了孝的最低要求。

（三）畏

"畏"不是提倡害怕长辈，而是要求子女内心能够对长辈的行为意识保持尊重，对传统价值观念形成认同，以"畏"的姿态在家风养成过程中进步，只有尊敬长辈，才可以做到谦逊有礼。

（四）敬

孔子认为："今之孝者，是谓能养。至于犬马，皆能有养；不敬，何以别乎？"由此可见，孝不能仅仅停留在奉养，更应该走进长辈的精神世界，理解、尊重并满足其情感和精神需求。

（五）终

中国自古就有"养老送终"的传统，对现代社会而言，虽然很多仪式均已淡化，但对于孝而言，除去一些适当的送终仪式，更多的是子女对于已逝长辈的缅怀与敬重。

（六）忠

"忠"是孝的最高价值追求，是忠于国家，热爱国家，为国家和社会做贡献，拥有大爱情怀，"但愿苍生俱饱暖，不辞辛苦出山林"。

二、"孝"的家风培养

"家是最小国,国是千万家。"在我们的家庭之中,"孝"的家风又该如何培养和传承呢?

（一）家规家训是"孝"的家风传承的重要载体

家规家训是一个家族传承下来的对子孙后代立身处世的教诲,纵观中国古代历史,没有一个有名望的家族不重视对孝的传承。在传统社会里,尊亲孝长是毋庸置疑的。到了近代,由于市场经济的冲击,人们追求独立、自由、平等的意识加强,一些重要的家规家训逐渐被很多家庭所忽视。而在当今社会,父母把对孩子的爱发挥到极致,而孩子却对父母缺少了孝敬之意,这在很大程度上是由于家庭教育中并没有家规家训所致。因此在现代社会中,家规家训是十分必要的,它不仅应含有与时俱进的观念,还要有孝道这种中国传统的文化,让其成为一种载体,使"孝"成为中国家庭之风。

（二）父母的言传身教是"孝"的家风传承的重要方式

一个家庭若想以孝善安家,最为重要的方式就是父母的言传身教。家庭是孩子的第一所学校,父母的行为往往会潜移默化地影响孩子的道德行为,因此,在日常生活中,每个家长都应该对自己的父母尽孝道,子女在其一言一行中就会学到孝顺的真正内涵,并自觉践行。孝之家风对其家庭或家族成员而言

不仅是一种无形的规约，久而久之，更会成为一种潜在的人生信仰，每一个家庭成员都是其家风的流动载体，能够影响一方、教化一方。

（三）自身的实践活动是"孝"的家风传承的重要保障

在孝之家风的塑造上，实践活动是真正深化孝道观念的途径。在现代社会的家庭教育中，应该让孩子从小就在实践孝义的活动中得到锻炼。例如，子女在年幼时，可通过做力所能及的家务，体会父母一天的辛劳。家庭内部还可以有家庭活动日，比如去看孝文化题材的电影、舞蹈等文艺作品。每个家庭成员从小就在活动中受到熏陶，从而使家庭建立孝的家风。

第二节 "善"的家风

中国是一个重视家庭建设的国家，在传统家风中，有以立志、勤读书为要的修身之方，以孝悌、和为贵为基的治家之法，还有以容人、善待人为本的处世之道。每个家庭都有其家风重点，但"善"的家风却是每个家庭都注重的，简言之，没有一个家庭教育后代要作恶多端，没有一个家庭是以"恶"立家的。在现代社会，"善"的家风建设是至关重要的。

探究钟南山走上医学道路的深层原因，可以清晰地发现，家庭在其中扮演着至关重要的角色。家风影响着他的处世态度。钟世藩是钟南山的父亲，是我国儿科医学领域的著名专家。钟世藩不仅具备精湛的医术，而且医德高尚。在钟南山孩提时代的印象中，即使父亲下班回到家，也一刻不得闲，经常有病人来到家中求医，父亲总是不厌其烦、耐心地予以解答；碰上特殊情况，钟世藩医生还会为患者提供上门看诊服务。父亲在医学事业上的辛勤付出、兢兢业业深深触动了当时还是小孩子的钟南山，从那时起，治病救人、救死扶伤的理想就在他的心中萌芽。

钟世藩医生不止一次地告诫他："医者人命，没有十足的证据，不可轻下判断。"钟南山曾回忆说："父亲去世的前一天，还在跟我讨论病毒学研究。"父亲教会他严谨的行事风格、踏实的研究精神，并帮助他确立理想信念。

而母亲则影响着钟南山的一言一行，潜移默化地教会他善良、真诚，对人与事物具备同情心。在钟南山的回忆中，母亲总是热心助人，无私奉献，用自己的言传身教践行着对善良的理解。与钟南山一起考入重点大学的还有一位家境贫寒的学生，由于没有上学的路费，这位同学决定放弃入学。这件事被钟南山的母亲得知后，她毫不犹豫地从自己的积蓄中拿出20元钱，让钟南山送给同学做路费。要知道那时的20元，可不是一笔小数目。尽管自己家庭条件也同样窘迫，但是母亲对待有困难同学的态度，深深地触动着钟南山。在母亲的教导下，他成为了一名专业上严谨，同时具备同情心的医者。他总是把一句话挂在嘴边："我们重点不是治病，我们是治病人。"这种温柔慈悲的言辞体现了钟南山对病人的关怀。

不仅如此，钟南山还把优秀的家风传承了下去。他曾告诫儿女："钟家的优良传统，第一就是要有执着的追求，并不懈努力；第二个要严谨实在，一丝不苟。"钟南山与妻子育有一儿一女，两个孩子都非常低调且优

秀。女儿钟帷月是国家优秀游泳运动员，曾获世界短池游泳锦标赛100米蝶泳冠军。儿子钟帷德是著名泌尿外科专家，博士生导师，2002年被评为"广州十大杰出青年"。从钟家几代人身上可以看出，优秀的家风才是一个家庭最宝贵的财富。

一、"善"的家风表现

"善"的家风是中华民族的优秀传统文化，也是直接且深刻影响一个人成长的关键因素，家风的建设不是一日之功，具有丰富的含义，其具体表现为：关心亲人，善待朋友；行善存仁，乐善好施；敬畏生命，善待自己。

（一）关心亲人，善待朋友

"善"的家风要求我们对周围亲近的人做到相敬相爱、关心友善。既要珍视兄弟姐妹之间的亲情，朋友同事之间的友情，还要注意与乡亲邻里的友好相处。中国传统社会是强调"等差之爱"的，注重"内外有别"，对远近不同的人不必做到一视同仁，即如费孝通先生所言，中国传统社会的结构是一种"差序格局"。《曾国藩家书》中也有"德业相劝，过失相规，期于彼此有成"的说法。因此，兄弟姐妹之间要相互督促、和谐相处、共同进步。

（二）行善存仁，乐善好施

行善存仁，乐善好施，即向上向善，积极做好事，乐于助人。一个国家有大善就会有大国风范。2020年以来，随着新冠疫情全球性爆发，中国政府向世界很多国家和地区无偿提供了疫苗援助，充分体现了中国人行善存仁、乐善好施的优秀品格，也彰显了负责任的大国形象。

（三）敬畏生命，善待自己

"善"的家风不只是与人为善，更是一种"泛爱"，含有一种众生平等的意蕴，尊重生命，热爱生活，善待自己。陆王心学的集大成者王阳明在论及家训的本质时认为，要教育家人"致良知"，而致良知的过程是人们自觉地为善去恶的过程，是本心良知的自明自省、自我净化，是要求人们不断地强化良性的道德意识，这也是形成良好家风的要求。从这个角度讲，"发明本心"（由南宋陆九渊提出，即"存心""养心""求放心"）就是一种"善"，是对善恶辨识的提升，也是对自我的深刻自省。若能从自身推及亲人、朋友、陌生人，善待生命，那一定是"大善"，人类追寻生命的意义已有几千年，对自我的认知提升、对生命的敬畏是"善"最终的追寻。

二、"善"的家风培养

家风如细雨一般润物细无声，潜移默化地影响着一代又一代人。善或恶往往就是在一点一滴的小事中逐渐累积起来的，不同的家庭有不同的家风。培养"善"的风气，要从父母开始做起，从娃娃抓起，"勿以恶小而为之，勿以善小而不为"。

（一）从父母开始，潜移默化

《礼记·学记》中有言："良冶之子，必学为裘；良弓之子，必学为箕。"优秀铁匠的孩子，必定要先学会缀裘制衣；而制弓能手的孩子，也必能屈柳以制箕。也就是说，孩子在长期的耳濡目染下，能够学到老一辈的技艺。毫无疑问，父母的一言一行对于孩子的成长有着潜移默化的影响，这种影响是春风化雨般无声无息的。要形成"善"的家风，只要父母在行动中行善，乐于助人，孩子也会主动积极地帮助别人。

（二）从娃娃抓起，从细小事物做起

老话常说"日行一善"，我们要从小事做起，更要从一个人的年幼时开始教育。山西省万荣县阎景村有一座李家大院，李氏家族历时八世，因"善文化"而闻名，在其院中有一面"百善壁"，建于道光年间，上有三百六十五个不同字体的"善"字，意在告诫家族后人：一年三百六十五天，天天行善积德。李家大院的后人们在这种家风的影响下，也身体力行地为人们展示了许多李家人行善的故事。

家风体现着一个家庭的核心价值观，是族人世世代代积淀形成的文化。而一个人若从小接受这种"善"的家风，那必定会为人正派，与人为善。家长们也应该教育子女"勿以善小而不为"，事实上，积小才能成大，积少才能成多，将"善"作为自己的行为准则，不论大小多少，只有真正践行，才是更为重要的。"善"很小却又很大，例如，扶老奶奶过马路，事虽小意义却大，体现着一个人的品德。

（三）从家训入手，用规则训语规范言行

"善，无私也。人之在世，为善最乐，惟善为宝。施行善道乃家族兴旺之本。阳善享世名，阴德天报之，近可解他人之难，远可荫及后世。凡我族人，必行善道，代代相继，万不可断。"山西省万荣县阎景村的李氏家训，不仅是先辈留给后人的处世宝典，也是这个家族践行慈善的历史见证。一个家庭若从"善"入手制订家训，让孩子在"善"的教诲下成长，那将使孩子在一生中保有"善"的精神内核和生存之道。

家训的力量是无穷大的，名家望族的家训可以绵延数百年，甚至上千年，在现代社会中依旧焕发新生，所以"善"的家训在每个家庭的家风建设中也是必要的。

第三节 "德"的家风

现代社会的高速发展为人们带来了与日俱增的生活压力。求学、结婚、生子无处不需要金钱，相应地在各种选择中就会更加功利化，高学历、高收入、高地位变成了人生成功的标志，却忽略了"德"才是一个人安身立命的根本。中国是一个崇尚道德的国家，洁身自好，坚守正道，勤于治学，翰墨书香，相习成风才应该是人们追求的道德准则。

杨震是东汉时期著名学者，被誉为"关西夫子"。年幼之时，杨震就一心向学，饱读诗书。当有所成就后，他便想教会更多人读书明理，于是开设私塾，传道授业。在教学过程中，他坚持以身作则，在他看来，身教更胜于言传。

他不仅向学生传授基本的知识，还努力教会学生们做人的道理。除了日常的教学工作之外，杨震还需要种田以维持家用，学生们知道以后，感念老师的辛苦，便偷偷帮他种好了禾苗，杨震发现后，随即去田中将所有种好的禾苗全部拔除。后来在课堂上，他以此事来教导学生，他说道，倘若默许了学生们的帮助，日后就有可

能接受别人更大的恩惠，长此以往，自己的贪念就会越来越大。人一旦变得懒惰和贪婪，那么终有一天会自食其果。

在为官的二十余年间，杨震始终秉持清正廉洁的作风，在生活中，他从不修葺府邸，只着粗布衣裳；饮食上，多年来，坚持只吃素菜，从不铺张浪费；在出行方面，即便他已官至太尉，也从不使用朝廷给他准备的马车，坚持步行。在他看来，只有走和普通百姓一样的路，才能理解民生，才称得上一个好官。旁人见杨震有所成就，就劝他置办家业，留给后世子孙一些家产。杨震坚毅地说道，"我让后世子孙有清白之名，这就是最大的遗产"。

后来，因为受小人诬陷，杨震被贬官，他决定以死明志，证明自己的清白。他要求后人，不必厚葬自己，只用杂木做棺材，只求衣服被褥能够遮住身体就行，无须修建豪华的墓地，也不必兴建祠堂。

杨震清廉正直的作风对后世子孙的影响深远。在这种家风的传承与潜移默化的影响之下，从杨震起，杨震家族四代人连续担任最高级别的"三公"职务，正如杨震最初期望的那样，每个人都有清白之名。

杨秉作为杨震第三个儿子，是东汉时期的一位名臣，他继承了父亲的廉俭作风，他在担任州刺史期间，洁身自好，"计日受俸，余禄不入私门"是他对自己的严格要

家风：好家风成就好孩子

求。有一次杨秉原来的属吏给他送来百万钱财，他紧闭家门，拒不接受。在杨秉七十余载的人生岁月中，他始终保持自律，弘扬着杨氏家族清正廉洁的家风，临死前他总结自己的一生："有三不惑，酒、色、财也。"

杨震传下来的清白家风对杨氏后人影响很大。大诗人李白曾经有诗歌颂杨震："关西杨伯起，汉日旧称贤。四代三公族，清风播人天。"

一、"德"的家风表现

中华民族历来重视个人德行的培养，从个人素养的仁者爱人、立世之法的重德轻财到为人处世的宽以待人，无不体现着厚德思想，当然也是历代以来"德"的家风的深刻体现。

（一）守仁行仁，己所不欲，勿施于人

中国的家风建设通常是由古至今延续而来，从圣贤之人的思想中可窥一斑。"樊迟问仁。子曰：'爱人。'"（《论语·颜渊》）显然，孔子讲行"仁"德，重在推己及人，一个"推"字，就是因己之所欲，推以知他人之所欲，从而做到"己欲立而立人，己欲达而达人"（《论语·雍也》）。在家风建设中能够树立守仁行仁、推己及人的思想，每家每户都安居乐业，能为他人利益而考虑，自然会有无私奉献的精神。

（二）重德轻财，虽一毫而不取

儒学创始人孔子曾说过："不义而富且贵，于我如浮云。"

（《论语·述而》）由此可见，孔子鄙视违背道德而获取的富贵，提倡重德轻财。中国古代家风建设注重教导子孙正确看待财富与道德的关系，"志于道德者为上，志于功名者次之，志于富贵者为下。"意思是说：人首先要做一个道德高尚的人，其次要建功立业，而那些只追求富贵的人就是下品之人。由此可见，中国社会历来将道德作为评判一个人的标准之首，这也是家风建设的重中之重。一个人在重德的家庭中长大，必定品行端正，善良正直。南宋著名将领岳飞，在攻打金军中屡立战功，皇帝要为其建造官邸作为嘉奖，他却道："敌未灭，何以家为？"（《宋史·列传》）由此可见，岳飞有着远大的志向，重德而轻财。

（三）宽以待人，为人宽厚大度

颜渊乃孔门弟子，有次他和子路等人议论与他人相处的利益冲突。子路说："人善我，我亦善之；人不善我，我不善之。"子贡说："人善我，我亦善之；人不善我，我则引之进退而已耳。"颜渊说："人善我，我亦善之；人不善我，我亦善之。"三个人所说表现出了对待他人的不同原则，颜渊为人宽厚，捐弃小隙，宽以待人，共持大义，其美德为其家族留下了宝贵的精神遗产，颜渊后人无不注重德行。

二、"德"的家风培养

杨震因一生刚正不阿、勤勉清廉、高风亮节而被载入史册，其家族子孙在其家风的熏陶之下，都秉持着高尚的道德情操，清白家风代代相传。不论时代发生多大变化，不论生活发生多大变化，我们都要重视家庭建设，注重家庭、注重家教、注重家风。在"德"的家风建设上，我们应该积善成德，师"贤师"，知不若行。

（一）积善成德

舍身挽救群众献出年轻生命、感动一座城市的军官孟祥斌，信守承诺、替亡夫还债的农妇陈美丽，书写了新时期纯真爱情传奇的军嫂吴新芬，十六年如一日照顾身患重病儿媳的好婆婆黄代小，20年来坚持在川藏山区乡邮投递26万公里无差错的马班邮递员王顺友……这些人是2011年全国"道德模范故事汇"基层巡演活动中宣传的模范人物。十多年过去了，这些故事依旧鲜活，没有惊天动地的大事，却体现出了每一个人优秀的道德品质：舍生忘死，诚信至上，相濡以沫，深情厚谊，坚持不懈……这些都是在日复一日的行善中化善成德。正如荀子所言："注错习俗，所以化性也；并一而不二，所以成积也，习俗移志，安久移质。"（《荀子·儒效》）因此，要想形成"德"的家风，每个家庭成员都要培养良好的行为习惯。

（二）师"贤师"

我们都知道一个品德高尚、学识渊博的教师对一个人品德的形成具有重要作用。要想在道德上不断进取，并且以"德"为家风，就应当师"贤师"，向深谙道义的人学习，他们既可以是品德高尚的父母，也可以是有良善之心的邻居、朋友甚至陌生人。但是在"德"的家风建设中，父母无疑是最重要的人。在中国家

庭教育历史上，"孟母三迁""断机教子"的佳话懿范千秋。若孩子可以在这样的教育下成长，就能传承修身厚德的家风，"知止于至善乃入德之门"。在"贤师"的引领下，明了自己追求的道德价值目标，就一定会成长为一个厚德而向上之人。

（三）知不若行

我们常说要知行合一，但是在道德培养上，却是知不若行——空有嘴上功夫不若实际践行，"不闻不若闻之，闻之不若见之，见之不若知之，知之不若行之。学至于行而止矣。行之，明也，明之为圣人。圣人也者，本仁义，当是非，齐言行，不失毫厘，无它道焉，已乎行之矣。故闻之而不见，虽博必谬；见之而不知，虽识必妄；知之而不行，虽敦必困"（《荀子·儒效》）。闻、见、知、行是道德形成的四个阶段，而经过实践的道德会使人的认识更加深刻，使我们更容易将纸面的道德要求转化为自己真正的日常行为。因此，在家风建设中要在孩子对相关道德有一定认识时，就要求其做到知行合一，将"德"的认识转化为"德"的实践，这才是对"德"的真正认识。既要有家训，更要践行家训。

第四节 "勤"的家风

《孟子·离娄上》中有言："国之本在家，家之本在身。"古代中国是建立在血缘关系上的宗法制国家，家庭的发展深深地影响着国家的发展，家风又是一个家族价值观、人生观的凝聚，而"勤"的家风是中国历史上名家旺族兴盛之因。善于继承，才能善于创新。"勤"的治家智慧是我们现代社会应该深入理解、发展、挖掘并发扬的优秀文化宝藏。

曾国藩是晚清时期著名的政治家。曾国藩的祖父十分重视家族的教育问题，在祖父曾玉屏的严格要求与悉心教导下，父亲曾麟书在学业上十分有造诣，受家庭文化气息的影响，从5岁起，曾国藩就跟随在父亲左右读书写字，小时候的曾国藩并非天资聪颖，其他同龄人一两个时辰可以背下来的文章，他一晚上的时间都不能熟读成诵，这种差距使他意识到必须足够用功、努力，才能够做得比别人更好。于是，天还没亮，曾国藩就起来捧着书本阅读，从不贪玩，他坚信勤能补拙是良训，数年如一日的勤奋付出终于有了回报，经过持之以恒的奋斗，曾国藩在27岁的时候获"同进士出身"，开启了自

己的政治生涯。

回望曾国藩的一生，在为官处世上他保持清廉；在生活中他简朴勤俭，成为后人称颂与学习的榜样。"家俭则兴，人勤则健；能勤能俭，永不贫贱。"这是曾国藩家训的十六字箴言。曾国藩始终以勤俭节约的家风来约束家中诸人。为此，他做了许多具体规定，比如家中尽量不要留有大量的多余钱财；家中人外出一律不允许乘坐轿子；不许着华丽的绸缎衣裳；不能指使家中的奴婢做端茶倒水之事；等等。在勤俭节约这项要求上，即便是对自己最喜爱的女儿曾纪芬，曾国藩也一样铁面无私，丝毫不放松要求。有一次，在迎接客人时，女儿穿了一条绣着青花边的丝绸裤，曾国藩看见后，立刻让女儿换成朴素的衣服，批评她太过骄奢。此事过后多年，曾国藩在家书中依然告诫女儿："衣服不宜多制，尤其不宜大镶大缘，过于绚烂。"

除了节俭，勤奋也是曾国藩对子女的重要期许。曾国藩曾不止一次写信给儿子曾纪泽，帮助他合理计划自己的一日学习生活，例如曾国藩要求他在每天起床后，将自己穿戴整齐，先向伯、叔等家中长辈一一问安，然后把所有的房间打扫一遍，再坐下来读书，每天要练一千个字。在曾国藩的观念中，君子如果把这一件件小事都做好了，那么人的精神境界也随之提升，做任何事情都会条理清晰。

一、"勤"的家风表现

中华民族历来推崇"勤"，有"克勤于邦，克俭于家""天道酬勤""民生在勤，勤则不匮"之说，对于"勤"的家风而言，主要表现为家庭成员的勤学、勤业和勤交友。

（一）勤学

"书山有路勤为径，学海无涯苦作舟。"中国自古以来以学兴家，以仕发家，学而优则仕，因此，"勤"的家风首先表现为勤学。明代文学家宋濂在《送东阳马生序》中曾有言："家贫，无从致书以观，每假借于藏书之家，手自笔录，计日以还。天大寒，砚冰坚，手指不可屈伸，弗之怠。"家贫无书可看，宋濂通过借书抄书来学习，在这种情况下尚能遍观群书，由此可见，每个留名千古的大家背后都有着孜孜不倦的勤学故事，正所谓"业精于勤，荒于嬉"。

（二）勤业

中华民族是一个勤劳的民族，注重勤业，提倡每个人都能在自己的岗位上孜孜不倦地奋斗。浙江省湖州市织里镇有一座《一针一线》大型雕塑，金色丝线从银色织针的针孔穿过，起舞飘扬。这座雕塑颇有寓意：织里以织造闻名，针线代表产业发展。在织里，要想产业发达就需要"勤劳的手"，需要每个织里人的奋斗不息，正因"勤业"的家风精神，织里才创造了巨大的财富。

（三）勤交友，交善友

"砥砺岂必多，一璧胜万珉。"要学会勤交友，同时，贵在交净友。"近朱者赤，近墨者黑"，不仅要学会勤交友，更要交善友。"三人行，必有我师焉"，勤交友更要去学习他人之长补己之短。勤交友不是交狐朋狗友，更不是以数量定义，而是要交志同道合之友。《世说新语·德行》中有管宁割席的故事。管宁和华歆两人是朋友，同在一席读书，看见地上有一片黄金，华歆高兴地拾起金片摆弄，管宁不为所动。有个坐着有篷的车、穿着礼服的人刚好从门前经过，华歆又放下书出去观看，丝毫不顾那时正是读书的时候。于是，管宁就割断席子和华歆分开坐，说："你不是我的朋友了。"正如故事所言，我们要做到勤交友，交善友。

二、"勤"的家风培养

古人云："君子之泽，五世而斩。"曾国藩家族延续十代，至今仍长盛不衰，不得不说是一个奇迹。这其中的秘密就在于，曾氏家族拥有世代传承的"勤"的优良家风。"勤"的家风是家族内部的精神联系和珍宝，其中蕴含着先祖亲人对于后代子孙的厚望及诚勉，这在古代也是一个家族人才辈出、科甲连第、簪缨相接的重要文化土壤，因此，对于"勤"的家风培养，要从个人、家庭、社会三个方面进行。

（一）从个人讲，避免"蠢勤"和"愚勤"

在培育"勤"的家风上，对于个人而言，要避免两个问题，那就是不讲时间效率的"愚勤"和方法不当的"蠢勤"。培育"勤"

的家风，首先要树立以效率为尺度的观念，不能只注重态度，认为简单的勤勤恳恳、兢兢业业就是"勤"，"勤"不是做老黄牛，而是有效劳动，避免重复劳动，同时具备"勤"的精神和"勤"的能力。其次，还要注意避免不讲方法的"愚勤"，就像走路不看路，只是埋头走，那就会绕远路，而舍近路。可见，"勤"的家风建设首先是立足于个人的、科学正确的"勤"。

（二）从家庭讲，要讲究"上行下效"

家庭是一个人出生后的第一所学校，家庭和家风会深深地影响一个人的观念和行为。古代那些培养了一代代英才的文化世家积淀的最深沉的精神追求和治家经验就是"勤"。每个家族都会告诉子孙要敦品励志、勤劳奋进，但是对于子孙而言，长辈无形的影响是最重要的，父母日复一日的一言一行都会对孩子产生不可估量的影响。对于现代家庭而言，父母要做好表率，如果父母日上三竿起，每天懒懒散散，那孩子在耳濡目染下自然也不会"勤以为常"。

（三）从社会讲，要发扬"勤"的文化

社会文化深深影响着家庭文化，好的社会风气也浸润着好的家风，要建设"勤"的家风，就要构筑相对应的"勤"的社会文化环境，在全社会各行各业建设"习勤劳以尽职"的良好风尚。在古代州县衙门大堂正中的暖阁上常写有"清慎勤"三个大字，所谓"勤"，即视国事如家事，时时持未雨绸缪之思，怀痛痒相关之念，审理公务要勤，查禁赌博要勤，治水要勤，防盗要勤，勤以补拙，勤则寡过。所以，"勤"的社会风气能为家风建设奠定基调，推而广之，则能培育"勤"的家风。

第五节 "和"的家风

家庭是社会的细胞，千千万万家庭构成了社会的存在。而家庭又是"家人"集合而成的共同体，在家庭这个组织里面，每个家庭成员之间是一种共享性的生活，共享着生活资源、家族命运、家训、家规、家风和亲情，家人之间怎样才能融洽相处，进而形成一种相互依存、相互关爱、相互扶持的关系，家庭如何建立"和"的家风，是现代社会依旧面临的问题。

颜之推是中国古代文学家、教育家。颜之推十分重视良好家庭教育对子女的影响。在他看来，父母长辈不能长久地陪伴在儿女身边，因此必须培养子女的自立精神，使他们能够拥有自己在世界上立足的基本知识与技能，而快速掌握立足于世的知识与技能的途径就是博览群书，在他看来，读书可以使人快速地掌握文明发展及其演进的基本脉络，能使人明理，少走弯路。

在家庭教育的具体方法上，颜之推崇尚严慈相济的教育原则。他说："父母威严而有慈，则子女畏慎而生孝矣。"只有父母在孩子面前明确严肃庄重的形象，家庭教育的内容才会有信服力，这样孩子也会从心底认同

父母的教育。良好的家庭教育应该处理好爱与教育的关系，只有把对子女的爱与必要的教育过程结合起来，才会取得良好的效果，相反，孩子则会任性放纵，在成长的过程中早晚会铸成大错。

颜之推十分重视家庭教育环境对子女潜移默化的熏陶。颜之推认为齐家的必要条件是修身。他认为："夫有人民而后有夫妇，有夫妇而后有父子，有父子而后有兄弟：一家之亲，此三而已矣。"在这三对人伦关系中，夫妇是组成家庭关系的前提和基础，其次是父子和兄弟关系。在他看来，"父不慈则子不孝，兄不友则弟不恭，夫不义则妇不顺矣"。父慈子孝、兄友弟恭、夫义妇顺，正是他所追求的和谐家风。

一、"和"的家风表现

中国人千百年来对于"和"有着深深的追求，从未停歇，每个人都会企盼人心善良、家庭和顺、社会和谐、天下和平。对于家庭和谐而言，营造"和"的家风异常重要，其有着教化育人的作用。而"和"的家风主要表现为父子笃、兄弟睦、夫妇和。

（一）父子笃

"父子笃"在现代社会不仅表现为父慈子孝，其更深的含义是尊老爱幼。孝敬长辈，爱护晚辈，几千年来，人们一直将其作为一种行为规范，同时也是中华民族的传统美德。"老吾老以及

人之老，幼吾幼以及人之幼"，推己及人，以和为贵。一个社会的文明程度，很大程度取决于对于尊老爱幼的理解程度以及践行程度，程度越高，家庭、社会"和"的程度越高。

（二）兄弟睦

"兄弟睦"在古代来讲是极为重要的。在四川南部县衙档案中，有一件很有代表性的家规档案，一位程姓人家遗嘱上记载了"处兄弟要公平"。原来，这位程姓立遗嘱的人是一家之主，曾经结过两次婚，共有六个儿子，所以他很担心自己去世后孩子之间不和，所以口述遗嘱，定下规矩，让子孙牢记家训。放到现在来讲，如果一个家族兄弟姐妹不能和睦相处，便不可以称为文明和谐家庭。

（三）夫妇和

夫妇相处之道是构成家庭关系的另一方面，也是家庭关系的核心，夫妇之间相处和睦也就是"和"的家风的核心。"君子之道，造端乎夫妇。"（《中庸》）就是说夫妇相处是君子的必修课。中国虽然有上千年男尊女卑的封建思想，但也有夫妻相处和睦的典范。例如，相敬如宾、举案齐眉的典故，还有"不休患难妻"的故事，对于现代"和"的家风建设都有积极意义，使我们去追求互敬互爱、和睦相处的夫妻关系。

二、"和"的家风培养

父慈则子孝，兄友则弟恭，为人父母者，要加强自身的道德修养，起到表率作用，言传身教，就会收到良好的教育效果。中华民族是一个注重家教的民族，小到行为举止，大到为人处世，不管在国内，还是旅居国外，"和"已经深深地烙印在每个人的心中。因此，为弘扬"和"的优秀家风，父母应该身体力行，为子女的性格和品行养成起到表率的作用。

（一）加强爱的纽带，家人互敬互爱

家训是先祖留给后人的智慧结晶和思想源泉，在家风的建设中，家训家规固然重要，但是"和"的家风更应该做到以"爱"为基础，这样，家人才会出自本心地遵守家训家规。明事、孝顺、贤能、仁义的品格一定是出自对于家人的爱护，因此，"和"的家风建设要注重亲情的培养。现代社会经济高速发展，由于个体之间居住地域的分离，再加上社会生存压力加大，越来越多的人亲情淡薄，因钱财而兄弟反目成仇的事件层出不穷。因此，现代社会更应该加强亲人之间的沟通，以爱为纽带，做到互敬互爱。

（二）注重家风文化，讲好"和"的故事

张晓莲是一名退休教师，她十分热心社会公益事业，在退休之后，她也没有放松自己，而是投入到各种志愿服务中。张晓莲积极参加文明宣讲工作，每周都会米幼儿园给孩子们上一堂文明宣讲课，在她看来，文明意识的培养要从娃娃抓起。下课后，她的身影又出现在水口寺交通岗的志愿者执勤处。她引导行人安全有序

地通过马路，虽然辛苦，但是看到人们的行为越来越规范，事故发生率越来越低，人们的文明意识越来越强，张晓莲的脸上总是泛起欣慰的笑容。

张晓莲的热心肠也感染着身边的人，她的丈夫田锦刚退休前是贵州石油化工机械厂的车间主任，退休后到街道办事处做了一名综治志愿者，主要负责交通秩序维护、不文明行为劝导。在田锦刚看来，虽然自己和爱人都退休了，但是思想不能退休，能够为党为人民多做点工作，既是自己的乐趣，也能够证明自己的价值。

退休后，张晓莲和丈夫、大女儿、女婿及外孙住在一起，五口之家和和气气。大女儿田维徽说："我们家之所以相处得这么和谐，主要得益于沟通、理解和包容。"张晓莲每个月都会开展一次家庭会议，与家人们分享自己的所见所闻。全家人都认为家庭会议是一个非常好的沟通交流平台。在家庭会议中，每个人都从自己的经历与认知出发谈论对公共事件的看法，极大地增进了家庭成员之间的沟通与了解。

2020年，张晓莲家庭被授予"第二届贵阳市文明家庭"的荣誉称号。张晓莲一家之所以被大家广为传颂，是因为他们的家庭存在和和睦睦的氛围与良好风气，在这种"和"文化的影响下，文明得以彰显。

（三）强化言传身教，父母起到带头作用

一个温馨和睦的家庭对一个人的世界观、人生观、价值观具有重要作用，家庭氛围细致且具体地浸润着每一位家庭成员，要使子女能够更好地传承"和"的家风，发挥其重要的道德价值，父母就要起到带头作用。首先，要做到孩子启蒙之际就进行正面教育，做到"蒙"以养正。在其学习生活中，从小事着手进行"和"的教化，使其明白以和为贵。其次，父母要做到"以身立教"，这种力量是强大而具有感染力的。总之要让"和"的观念在家庭中生根，在亲情中发芽长大。

第六节 "学"的家风

中国自古以来注重家庭教育，治家教子有方，家族就会人才辈出，勉学是家风建设的重点。而"学"是实现中国人"修身、齐家、治国、平天下"家国情怀的重要方法，越是成功的家族越是注重"学"，大家世族都期望家族永续繁荣发展。因此，"学"的家风建设在现代社会也是必需的，可以说，不"学"无以立世。

欧阳修是"唐宋八大家"之一。欧阳修良好品行的形成离不开家庭的影响，他的父亲做官时常常在深夜还在处理政事，为了防止冤假错案的出现，父亲总是将案卷反反复复地看上好几遍，在父亲心中，只有这样才是对自己所学的知识负责，也是对百姓负责。这种严谨求实的态度对欧阳修产生了深远的影响。

欧阳修4岁时，父亲不幸离世，只有母子二人相依为命。虽然生活条件艰苦，但是欧阳修的母亲从未懈怠对欧阳修的教育。当时家境贫寒，没有多余的钱为欧阳修购买写字的笔墨纸砚，母亲就跑到池塘边，用许多荻草秆制作成笔，亲自教儿子写字。在10岁左右的时候，欧阳修就读遍了家中的藏书，为了丰富他的知识面，满足他的好奇心与求知欲，欧阳修的母亲时常向周围的亲戚邻居借书给欧阳修读，虽然家境贫寒，家中藏书有限，但是欧阳修却能够博览群书。在父亲的影响与母亲的悉心教导下，欧阳修勤奋好学，后又师从名家，成为北宋文坛上一颗闪耀的明星。

在良好家风的影响下，欧阳修也非常重视对子孙的教育，他曾写下著名的家训《诲学说》："玉不琢不成器，人不学不知道。然玉之为物，有不变之常德，虽不琢以为器，而犹不害为玉也。人之性因物则迁，不学则舍君子而为小人，可不念哉？"这是欧阳修专门写给自己的次子欧阳奕的。欧阳修教诲其子只有通过不断学习才能明白为人处世的种种道理，最终才会成长为德才兼备的君子。

欧阳修的长子欧阳发深受其父严谨求实学风的影响，一直踏实求学，在学术上大有造诣。次子欧阳奕，在父亲的教诲下，不断扩充自己的知识面，饱读诗书，传承了崇尚学问的良好家风。

一、"学"的家风表现

《三字经》中有言："蚕吐丝，蜂酿蜜；人不学，不如物。"由此可见，"学"是极为重要的，甚至可以与动物本能相

比较。在家风传承中，劝学就是其主要组成部分。"学"的家风就是让子孙从小养成及早"学"、勤奋"学"、爱好"学"的终身习惯。

（一）及早"学"

《颜氏家训》中曾有言："生子咳提，师保固明孝仁礼义，导习之矣……俗谚曰：'教妇初来，教儿婴孩。'诚哉斯语！"意为在孩子尚幼时就要指导其进行学习。儒家著名陆王心学代表人物王守仁在写给侄儿的信中曾言："吾惟幼而失学无行，无师友之助，迨今中年，未有所成，尔辈当鉴吾既往，及时勉力；毋又自贻他日之悔，如吾今日也。"讲述了自己年幼失学，没有得到师友帮助，如今四五十岁没什么建树，让侄儿引以为戒，趁早努力。虽然此为他自谦劝勉之词，但是也从中透露出学习要趁早的思想。

（二）勤奋"学"

我国著名书法家王羲之幼年时练字十分刻苦，经常在水池边练字，以至于把水池都给染黑了。入仕后，王羲之将为皇帝祭祀的祝词撰写在木板上，当雕刻的工匠更换木板时，发现王羲之写字的笔力竟然渗入木头三分有余，唐人张怀瓘赞道："王羲之书祝版，工人削之，笔入木三分。"这也是成语"入木三分"的来源。由此可见，要在"学"的家风建设中营造抓紧时间、废寝忘食的精神，反对悠悠然的学习态度，自觉地向古往今来的大家学习。

（三）爱好"学"

中国历来讲究"苦学"，似乎只有苦学才可以出人头地，千百年来，这种观念深入人心。但是事实上，在现代社会"学"的家风建设中，更应该去关注"乐学""爱好学"。儒家泰州学派代表人物王栋认为：圣人之学的修习践履其实是一个体会快乐的过程，与世俗功利之学有着本质的区别。他说，"孔门教弟子不啻千言万语"。《论语》开篇即言："学而时习之，不亦说乎？"这是夫子教人第一义也。这种解读对于中国传统来讲是别开生面的，其与传统不同，强调"乐学"。对于"学"的家风而言，王栋的解释是更有助于其建设的，因为"爱好"而学和"营营而求，忽忽而恐，戚戚而忧"大不相同。

二、"学"的家风培养

欧阳修的成就多来自父母的影响，即家风的熏陶，正是重视立志、以学为贵的家风，才培养出了欧阳修这样流传千古的人才。中国从古至今都很重视家庭教育，而家风是中国传统社会关于治家教子的训诫经验，有的糟粕家风应该去除，但是"学"的家风是放至现代依旧熠熠生辉的，在现实中应该以坚持、笃实、践行来促成家风建设。

（一）坚持：以恒心建成"学"的家风

"学"贵在坚持，"学"的家风建设要求子女以恒铸学。要确立终身学习的观念，持之以恒，学书本亮点，习他人优点，在实践中积累经验。著名书法家王羲之的儿子王献之曾问父亲："我现在的字再练三年应该就能达到最好了吧？"王羲之听后笑而不答，母亲看了儿子的字后摇了摇头，说："早着呢！"献之又问："那五年呢？"母亲仍然摇头，父亲说："写完十八口大缸的水，你的字可能才有骨架。"儿子苦练五年之后，王羲之翻阅了他的书法作品，提笔在其中的"大"字下面加了一点，变成一个"太"字，然后就把这些书稿还给了献之。献之问母亲，母亲仔细审阅之后才说道："儿子用心写字千余日，只有一点像父亲王羲之。"献之走近一看，母亲所指的正是父亲所加的那一点，他不禁非常惭愧，从此便每天更加认真地研习书法，刻苦临习，最终成为与父亲齐名的书法大家。要建立"学"的家风，更重要的是教育子女持之以恒，若没有坚持，三天打鱼两天晒网，终究难成大器。

（二）笃实：以反问促进"学"的家风

"学"贵在思考，要把学会的东西融会贯通。著名学者王国维论述治学有三种境界：一是"昨夜西风凋碧树，独上高楼，望尽天涯路"；二是"衣带渐宽终不悔，为伊消得人憔悴"；三是"众里寻他千百度，蓦然回首，那人却在，灯火阑珊处"。即首先要有高远追求，其次不怕困难，最后是独立思考。学习要懂得钻研，舍得付出、下功夫，每日要反思学到了什么，今日效率怎么样，明日如何改进。当建立这种懂得反思的习惯后，孩子就会对"学"进行认知，认识自己，改进学习，自然会学有所悟，学有所得。

（三）践行：以应用推进"学"的家风

学习首先是要学懂弄通，其次是要把学到的知识变成自己的东西。在家风建设中，要帮助孩子学以致用、活学活用。如果家庭教育中只注重书本知识，只是营造"死学习"的家风，那学到的知识的价值将大打折扣。能解决实际问题的"学"才是真正的"学"，因此，家风建设既要践行，更要帮助孩子认识到触类旁通、举一反三的重要性。

第二章
家风的作用

家风不是一种单纯的家庭氛围，而是一种人与人互动而生成的教育过程，也是社会发展的重要基础。良好的家风无论对孩子，还是对社风、政风、党风，乃至对社会文化、人类文明，均具有深远而重要的影响。

第一节　家风影响孩子

中华民族传统的家训文化源远流长，随着时代的更迭不断被赋予新的价值内涵，但其核心思想始终占据高位。家风建设与当今社会提倡的立德树人、社会主义核心价值观、培养能担当民族复兴重任的时代新人等教育发展目标具有密切的接续性和契合性。2021年7月22日，中宣部、中央纪委等联合印发的《关于进一步加强家庭家教家风建设的实施意见》中指出：要"以社会主义核心价值观引领家庭家教家风建设"，"升华爱国爱家的家国情怀、建设相亲相爱的家庭关系、弘扬向上向善的家庭美德、体现共建共享的家庭追求"；要"落实立德树人根本任务开展家庭教育"，引导家长"用正确行动、正确思想、正确方法教育孩子养成好思想、好品行、好习惯"。

作为著名的爱国华侨领袖，企业家、教育家、慈善家、社会活动家，陈嘉庚勤俭的家风对后世产生了重要而深远的影响。

在青年时期，陈嘉庚是最早一批来到新加坡打拼的工商业家。事业有成后，他依然坚持艰苦朴素的生活方式。他在集美的住所，从房屋外观到屋内陈设都十分简朴，仔细一看，床单和被褥都是使用多年的，甚至有的地方早已经出现破损了，但是陈嘉庚却对这种生活十分满意，怡然自乐。

崇尚节俭是陈嘉庚始终秉持的处世态度。除了在生活琐事上删繁就简之外，陈嘉庚也希望自己能带动更多的人一起践行勤俭的生活原则。当发现集美大学的学生常常跑到厦门市消费时，他深感忧心。于是在秋季学期开学典礼上，陈嘉庚发表相关演讲希望能使学生的思想有所改变。他说："中国今日贫困极矣，吾既为中国人，则种种举动应以节俭为本。"他还为学生们讲述了自己当初节俭的例子，"鄙人在新加坡时，地处繁华，每月除正当费用外，（另费）不及二元"。在他看来，不盲目消费，根本用意是积少成多，用俭省下来的钱兴办更多的学校，让更多的孩子接受教育。

陈嘉庚虽然节俭，但是在该用钱的地方，他从不吝啬。他始终坚持在家乡各地兴办教育，从清光绪年间到1921年前后，陈嘉庚创办了百余所学校，种类涵盖从幼稚园到大学，除了兴办学校，承担学校的各种教育经费之外，陈嘉庚还积极完善学校的基础设施，同时为办学探寻各种理论与实践的指导。他认为，一个地区若想强大，必须兴办教育，启发民智。

陈嘉庚之孙陈君宝在1987年第一次回国时，为爷爷在教育事业上的热忱所打动，他震撼于由陈嘉庚一手创办的厦门大学和集美学村。虽然陈嘉庚没有为后世子孙留下一分钱，但是这种精神财富，这种勤俭节约，热心

教育的优良家风却比任何物质都要宝贵。

时至今日，陈氏家族热心教育事业的家风仍被陈嘉庚的后人代代相传。陈君宝的堂哥陈立人成立了基金会，用以帮助当年在陈嘉庚组织下义无反顾回国抗日的南侨机工；陈君宝也在新加坡的"陈嘉庚基金会"工作，继续支持教育事业的稳步发展。

一、家风影响孩子的身心健康

家风对孩子的影响犹如春风化雨般"润物细无声"，潜移默化地塑造着孩子的人生观、价值观和世界观。家风有好坏之分，家风好，促使孩子积极向上，有利于帮助孩子成长为具有大德大爱、责任担当之人；家风差，导致孩子不思进取，无益于孩子身心健康成长，甚至会贻害社会。央视播出的《正风反腐就在身边》披露了一系列由家风问题引起的贪腐案例，父母身居高位，收受贿赂，大肆敛财，孩子耳濡目染，就会认为自己具有特权，因此胆大妄为。这不仅影响孩子树立正确的价值观念，无法获得正确的道德认知，而且会影响孩子的实践活动，把父母的权力作为自身行动的"保护伞"，甚至无视规则和法律。

二、家风影响孩子的品德修养

中国传统的家风文化十分关注对孩子的道德教育，重视家

族的道德风气。家风家训的最终目的不是让孩子获得功名利禄，而是为了让孩子修身养性，成为有德行的人。家风对孩子的影响不是靠父母长篇大论的说教，也不是靠书本上高深莫测的教义来实现的，而是通过长辈的言传身教潜移默化地实现的。父辈的语言、行动时刻影响着孩子，这些闪烁着智慧光芒的话语及行为会被一代又一代人传递下去，形成家族中宝贵的精神财富，引领家族成员向着共同的奋斗目标努力。

重视道德修养的家风，有利于培养孩子优良的道德品质，促进其道德人格的发展。2016年6月27日《衢州晚报》的"晒家训传家风"专栏《三代党员共谱正直家风》一文高度赞扬了徐海水一家三代大公无私、踏实肯干、为人正直、乐于助人的精神。正是良好的家风以及长辈们的言传身教，才使得良好的品德能够代代相传，才能使孩子都成长为品行好、三观正、有担当、有修养的社会主义接班人和建设者。

三、家风影响孩子的学习态度

优质的家风是以渊博的文化知识为基础的，知识的累积也影响孩子价值观和远大志向的树立。很多长辈都希望子孙能够志存高远，发奋读书，最终成长为对家庭、社会、国家有用的栋梁之材。家风蕴含着一个家族对教育的重视程度，这在一定程度上会影响孩子对学习的态度。有的父母重视教育，从小给孩子读"凿壁偷光""悬梁刺股"等古人勤奋读书的故事，在孩子的内心播种下热爱读书、不怕辛苦的种子，孩子在读书过程中也会获得优异的成绩和优良的品质；有的父母追求金钱，对教育的态度敷衍，会导致孩子对学习产生消极情绪，在学业上出现问题，甚至影响孩子道德等其他方面的发展。

"一门三院士，九个儿女九栋梁"讲的就是梁启超在教育子女方面获得的成就。梁启超的子女所学专业并非大家口中的热门专业，但只要是子女热爱且对社会有所贡献的，他必鼎力支持，如梁思成学习建筑史、梁思永投身考古、梁思庄改学图书馆学。他不仅尊重子女的选择，而且还对他们进行指导，反复和他们沟通，做他们人生路上可亲可敬的领路人，最终使他们都有所成就。

四、家风影响孩子的家国情怀

家国情怀是家风传承中的重要文化基因，是一代代中国人灵魂深处的精神指引。正如《礼记·大学》中的箴言：修身齐家治国平天下。自身成长、家庭和谐、社会发展和国家富强之间的关系紧密联系。"家是最小国，国是千万家。"要树立孩子正确的爱国观，让孩子忠诚于人民，忠诚于国家，正确处理个人利益、集体利益和国家利益之间的关系。家风就应该教育孩子把爱国之心落实在爱国行动中，"勿以善小而不为"。新时代家风的建设必须融入对孩子家国情怀的培养，把社会主义核心价值观作为灵魂导向，根植于优秀的中国传统文化、时代的先进文化，激发孩

子的爱国精神，把家风建设和实现宏伟的中国梦联系起来。

潜移默化的家风熏陶是孩子成长的一种特殊的教育方式。当今社会中，一些家庭存在对孩子多溺爱、少教养的现象，溺爱孩子对其成长有百害而无一利，我们要防止家教家风的偏颇，重新定位家风的价值和功能，发挥其育人作用，让其在孩子的发展中焕发光彩。

首先，把中华传统家风文化与时代先进文化相结合。中华民族的家风文化内涵丰富，涉及内容广泛，它并不是止步不前的，而是随着时代的发展不断被继承和创新的。我们要立足于新时代家风建设，对传统家风文化取其精华，去其糟粕，让传统家风文化成为学校实现立德树人目标的助力。

其次，父母是家风的建设者和育人者。父母不仅是家风的建设者还是孩子的教育者，故而要不断虚心学习，提高自身的文化修养，做孩子成长路上的领路人。

最后，在家风中实现对孩子的尊重。孩子在父母或者长辈的耳提面命以及行动实践中获得价值认知，明白好坏善恶、是非曲直，以此促进品德发展，最终内化为个人行动时的内心信念，实现从外律到自律的转化。在这一过程中，家长需要秉持尊重孩子的原则，在尊重的基础上对孩子进行引导，保护好孩子敏感的自尊心，让他们在受教中感受到平等；要和孩子像朋友般相处，而不是高高在上地对其训斥，淡化外在的教育形式，让家风教育在暗处默默生根发芽。

家风：好家风成就好孩子

第二节　家风带动社风

家风是社会风气的重要组成部分。家风建设得好就能成为人们涵养品德操行的"心灵依托"，还能支持社会风气的建设。家风影响公民精神面貌，影响邻里和睦，影响社会和谐，甚至影响国家安定。国家十分重视以家风带动社风建设，例如，在江西南昌就开展了"兴家风、淳民风、正社风"的主题活动；在陕西渭南进行了"万条家训进万家"的活动，把家训作为家风、社风建设的载体，以达到家风促民风、民风带社风的目的；重庆"家风润万家"的活动让良好的家风、家训、家教在社会上凝聚成正能量。

贺家注重家风建设和子弟教育，培育出了诗人贺知章、贡生贺道四、哲学家贺麟、中国抗日远征军翻译贺蕴章、清华大学党委书记贺美英、中国工程院院士贺克斌等以知识报国为己任的读书人。贺家不仅秉承了优良家风，还在四川省成都市金堂县五凤镇先后兴办了凤仪书院、安凤义塾和五凤乡高小国民学校，改善了五凤子弟读书的条件。金堂县也形成了弘扬贺氏家规、集中晒家风、学习"孝善典型"的良好风气。

一、家风是重要的精神文化资源

2016年，四川省成都市金堂县在五凤镇小凤村开展了"集体晒家风"活动——为120户村民制作了风格统一的家风家训展示牌。这不仅能够提升居民的精气神，也带动了小区环境美化、文化打造、志愿服务等工作。

"以德为根，以诚为本，遵纪守法，勤劳致富"，这是村民杨跃宣的家训。他在村里经营着一间超市，时常给过路劳累的老人和等车的外地人搬张凳子、添一杯水，帮老人搬东西回家，还主动当起了公共环境维护劝导志愿者。

在五凤镇白岩村大山深处，王启蓉留居乡村十余载，为贫困乡民免费看病，感动了无数乡邻。她的祖父用"立爱惟亲，立敬惟长""做受他人敬重的人"的家规家训教育子孙，使她从小就立志治病救人。王启蓉无论晴雨、昼夜都坚持出诊，解决乡亲们看病之急，她还把没人照顾的病人接回家，管吃管住不收钱。正因为如此，她当选为省党代表，先后被评为省劳模、中国好人、成都道德模范、全国优秀乡村医生。

"中国好人"王启蓉、"最美儿媳"邓香玉、"孝善之星"王雪莲、"田坎法官"周卫东……这些名字都是金堂县"孝""善""正气"家风的缩影。近年来，全县围绕家风家训建设，举办了金堂县孝善文化节，积极开展家风家训进课堂活动，编撰《悠悠家风铸乡魂》家风读本，以好家风引导党员干部养成"俭以持家、廉以修身"的好品德，形成家风、社风、党风共同促进的良好氛围。

二、家风带动公民形成良好面貌

家庭是培养合格公民的第一站，家风内涵的好坏影响着孩子能否成长为愿意奉献社会、为人民服务以及社会所需要的人。家风体现着家族成员的道德修养、品行情操、精神状态以及公民面貌。良好的家风可以帮助社会培养合格的公民。英雄巡警陈文亮面对暴戾之徒铁骨铮铮，究其壮举源头在于他正直善良的父母。陈文亮的父亲陈如豪，年轻时习武，曾是一名惩凶治恶的基层保卫干部；陈如豪与妻子吴清琴，常年为家乡、深圳困难群众和灾区同胞等身处困厄的人捐款，纵然家遭变故仍不曾中断；警队分给陈文亮的福利房，夫妇俩也以"一线民警更需要"为由婉拒。家风的影响犹如一汪清泉的源头，不断地为孩子传递力量，使孩子成长为合格的社会公民，愿意为社会贡献自己的力量。

当前，仍存在着家风不正、忽视家风等现实问题，这些问题的存在影响着公民的培养以及公民在生活中的行为。例如，一些人赚到了金钱就忘记了初心，放纵迷失自己，对家庭造成了伤害，对社会也造成了不良的影响；有的人严于他人，宽以待己，

对子女教育头头是道，但己身不正，又何以产生榜样的作用？只有好家风才能培养出淳朴正直、勇敢善良、有智慧、有素质的合格公民，才能成为社会发展的有益助力。

三、家风带动邻里关系亲近和睦

家风兴，民风才能淳。社区是人们生存的直接环境，"远亲不如近邻"，良好的邻里关系对人们的生活有着重要意义。例如，邻里之间会帮忙看顾家长来不及接送的孩子、会相互分享一些美食好物等。家风影响着人们为人处世的观念和实践活动，而人们对人对事的态度和行为举止都会影响邻里之间的关系。

六尺巷的故事大家都耳熟能详。清朝康熙年间，文华殿大学士兼礼部尚书张英收到来自安徽桐城老家的急信。家人与邻居在宅界问题上发生了争执，因两家宅地都是祖上基业，时间又久远，对于宅界谁也不肯相让。家人希望张英出面干预。张英看信后批诗一首："一纸书来只为墙，让他三尺又何妨？万里长城今犹在，不见当年秦始皇。"看到书信后，张家人豁然开朗，退让了三尺。邻居见状深受感动，也让出三尺，因此，两家之间形成了一个六尺宽的巷子。正是张英的通情达理，才使争执的双方深受感动，各退一步，最终形成了这段广为流传的佳话。中国自古以来就崇尚以和为贵，"和"在家风文化中也占有一席之地，家庭成员文明有礼、和谐谦逊、乐于助人、乐善好施，树立好的道德典范，就能带动街坊邻里都以爱待人，整个社区都能和和美

美，甚至带动十里八乡形成和睦氛围。

四、家风带动社会氛围和谐友爱

家风和民风、社风紧密联系，有什么样的家风，就会有什么样的民风和社风。家风是社会风气养成的重要方面，如果都是文明有爱的家庭，彼此之间互帮互助、同肩并进、携手前行，那么社会风气必定会一片祥和。正是在良好家风的支持下，才会有一批又一批投身于社会建设的平凡而又伟大的普通人。只有人们重视道德建设，自觉践行社会主义核心价值观，才会使社会精神文明氛围逐渐浓厚，才能不断优化社会的人文环境，提升城乡文明程度，才能真正实现良好家风，成就和谐社会。

五、家风带动社会环境安宁稳定

国是天下之本，家是国家之本。家风正，则国家稳定；家风不正，国家在世界民族之林难以立足。同时，只有国家富强，社会环境才能安稳，人民生活才能富足；只有国家安宁，才能使千家万户平安幸福。

玉麦乡曾被称为"中国人口最少乡"。以前一度只有卓嘎、央宗和她们的父亲桑杰曲巴三个人生活在那里，他们几十年如一日抵边放牧，守护祖国国土。

西藏阿里地区日土县多玛乡乌江村位于班公湖北岸，平均海拔4300米。乌江村虽然有些遥远偏僻，但一直流传着村民平措南加一家四代人接力放牧守边的故事。20世纪初，平措南加的外公桑培努布把自家的羊圈向边境线迁移，用羊圈画起边境线；当桑培努布年迈后，他的小女儿旦珍旺姆继承父亲的产业和志向，坚持放牧巡边、守卫国土；西藏和平解放后，平措南加多次用自家牦牛帮边防连队运输军需物资，减轻了连队物资运输的负担；不仅如此，平措南加的儿子曲阿大学毕业后也回到家乡工作，帮助宣传党和国家政策。曲阿说："我们放牧不只是放牧，更是守护神圣国土，我很骄傲。"

有些人或许会觉得家风只是自己家庭的事情，它能有如此大的威力吗？国是由一个又一个看似渺小的家庭组成的，就如同砌墙的砖块，如果砖块砌得不牢固，整堵墙就会轰然倒塌。家风影响着国风，影响着国家的安宁和稳定，两者是相互促进的，只有国家富强稳定才能给人们提供良好的生活环境，才能使家风祥和发展。

第三节 家风影响政风

政风是指在政府部门工作的人员的生活作风、思想作风和工作作风等。政风和家风联系紧密，家风的优劣影响人才质量的高低，家庭中的成员进入政府部门工作就会影响政风，只有家风正，培养出来的人才能作风优，才能促进政风清。毛泽东曾经说过："如果把自己看作群众的主人，看作高踞于'下等人'头上的贵族，那么，不管他们有多大的才能，也是群众所不需要的，他们的工作是没有前途的。"这就警示当代政府部门的工作人员要树立正确的权力观，强化为人民服务的意识，做好人民群众的公仆。只有树立廉洁清正的政风，才能建设服务型的高质量政府，故而家风建设是关乎中华民族伟大复兴事业的重要举措。

林则徐的政风受林氏家风的影响很大。林则徐入仕从政30多年，先后当过湖广总督、陕甘总督和云贵总督，两次受命钦差大臣，病逝后被清廷追封为太子太傅，官至一品，每年的养廉银在两万两左右。林则徐宦海沉浮几十年，无论是在职还是流放期间，都是堂堂正正做人，清清白白做官。林则徐曾多次担任封疆大吏，但他安排身后事，分给三个儿子的财产尚不及他一年的

"养廉银"多，朝廷发给他的养廉银多数用在了办公经费上。后来，曾国藩在闻得林则徐家书后，在给弟弟曾国荃的书信中感慨地说："闻林文忠公三子分家各得六千串。督抚二十年，家私如此，真不可及。吾辈当以为法。"

林则徐姊妹八人，家庭人口众多，虽然其父亲是私塾先生，但是仍然难以负担起大家庭的开销，全家一日三餐常常难以为继。林母经常瞒着丈夫，偷偷地帮有钱人做些针线活，以补贴家庭吃穿用度。林则徐每天到私塾上学之前，都会先把母亲姊妹做的工艺品拿到店铺寄卖，放学后，再到店铺收钱交给母亲。贫苦的童年经历和严格的家教家风对他影响极深，无论官至何位，他始终保持着清俭的习惯和察民疾苦的作风。林则徐在书信中教育儿子说："惟念产微息薄，非俭难敷，各须慎守儒风，省啬用度；并须知此等薄业，购置甚难，凡我子孙，当念韩文公'辛勤有此，无迷厥初'之语，倘因破荡败业，即非我之子孙矣。"他用韩愈的话教育儿子要辛勤节俭，不要迷惑心智，忘记了当初的贫穷和艰苦，而形成奢侈放荡的不良作风。

林则徐在50岁时，还曾手书"十无益"的格言悬于家中，作为林家的家训。"十无益"即"存心不善，风水无益；不孝父母，奉神无益；兄弟不和，交友无益；行止不端，读书无益；心高气傲，博学无益；做事乖张，聪明无益；不惜元气，服药无益；时运不通，妄求无益；妄取人财，布施无益；淫恶肆欲，阴骘无益"，这既是林则徐自己的行为标准，也是他教育子孙的原则。他时常要求子孙们尊崇儒家"仁、义、礼、智、忠、信、孝、悌"的思想，修身养性，砥砺奋进。他曾写过一副有名的对联告诫后代："子孙若如我，留钱做什么？贤而多财，则损其志；子孙不如我，留钱做什么？愚而多财，益增其过。"林则徐不仅自己为官清廉，而且对家人要求极严，家教严谨、家风悠远，实现了其"海纳百川，有容乃大；壁立千仞，无欲则刚"的思想境界。

一、家风影响政风的廉洁清正

在传统的家风文化中，清廉家风一直是被人们所强调的重要核心内容之一，它推动家庭道德文明的发展和进步。家风能够涵养政风。正如林则徐的故事中所体现的重视精神富足、淡泊名利、不盲目追求财富的家庭观念，影响着林氏后人始终保持淡泊、廉洁；奢侈浪费、追求物质享乐的家庭会导致孩子盲目攀比、金钱至上。在不同家风教养下长大的人进入政府部门后就会产生不同的做法，有的两袖清风，有的则贪污受贿，所以家风影响着廉洁清正的政风。

二、家风影响政风的外部形象

政府风气如何，体现着政府对外展示的形象，也影响着民众对政府的看法。家风对政府工作人员产生着重要的影响作用，不良的家风会使其萌发形式主义、享受主义、金钱主义等苗头，甚至有不少人存在着"一人得道，鸡犬升天"的不良思想，间接影响政风的外部形象。同时，家风影响着政府人员面对事情时的态度和处理方式，而处理方式恰当与否，一定程度上会影响政府在民众心中的形象。

三、家风影响政风的工作实效

"民生无小事，民心才是最大的政治。"我们的政府是人民的政府，时刻谨记着以人民为中心，为人民群众服务。家风会影响政府工作人员的办事效率和工作实效。勤劳朴实、踏实肯干的家风培养出来的子孙后代肯定也会把家风带到工作中去，在工作中不怕吃苦，不怕受累，勇往直前，这也为形成优良的政府工作风气助力。

湖南省永州市副厅级干部林祥胜在退休之后，并没有停止奋斗，返回家乡永州市宁远县中和镇河西村任第一书记，带领乡亲走上了脱贫致富的道路。虽然河西村没有被认定为贫困村，但仍有100户贫困户。为帮助贫困户脱贫致富，林祥胜因户施策，努力巩固了脱贫成效。在细致深入地考查调研后，林祥胜发现，水稻、蔬菜、烤烟产业是村里适宜发展的产业，于是开始大力寻找发展机遇。为了使乡村建设更上一层楼，这几年林祥胜没有拿过一分钱工资，还捐出了几年的退休金。为了让后人不忘初心、铭记历史，林祥胜想建设一个红色纪念馆。于是，他召集4名子女开会，主动拿出老两口省吃俭用节省下来的50余万元积蓄，又让子女每人捐20多万元，这才解决了建设资金问题，真真切切为老百姓做实事、做好事。也正是林家的良好家风，才能够不断激励和引领林祥胜一家人投身于为人民服务的伟大事业之中。

四、家风影响政风的发展方向

家风是政风的"方向标"，家风对政府风气的形成有导向作用。政风处于正轨还是发生偏航都和家庭紧密相关。有的家庭中，官员干部的配偶重学修身、勤俭持家、深明大义，时刻警醒官员做好自己应做的事，履行自身应尽的职责。有的家庭中，官员的配偶目光短浅、随心所欲、贪污受贿，本该是官员的"贤内助"，最终却成为官员犯罪的"贪内助"。

张茂才案件最大的特点就是家风问题。张茂才有两个儿子，在他的腐败问题中，应该说是全家齐上阵，贪污父子兵。张茂才和妻子高明兰对吃穿并不太讲究，住的也是比较老旧的普通

小区，受贿所得的钱财主要都花在了儿子身上。两个儿子都住在高档小区，过着堪称奢侈的生活，但并不是通过自身努力所得，而是通过父亲的权力得到的不义之财。"老子当官，儿子捞钱""上梁不正下梁歪"，家风不正，对特权思想不加以矫正，到头来只会害人害己。家风建设不仅影响个人的家庭，还影响整个政府风气的发展方向。只有家庭家风充满正能量，总是向着积极的方向发展，才能促进政风不断向上、向前。

整治群众身边由政风不纯带来的贪腐和作风不正等问题是我们党和国家关注的重要问题。家风建设对肃清政风起着不可取代的作用。首先，我们要做好干部配偶、子女的教育工作。让家庭成为廉洁的发源地，让干部配偶成为家风的指导者，不断提高干部配偶、子女的思想觉悟和自身素养。其次，政府工作人员自身要坚守初心。不断提高自身的修养，专心致志，心无旁骛地干事业，做人民的好公仆。从严治家，时刻教诲家人要小心谨慎，低调做人，按原则办事。让家风滋养全家人干事创业的精气神，划清公和私之间的界限。最后，要完善监督管理机制，做好监督工作，把不正之风扼杀在摇篮里。让家风和政风紧密相连，以家风支撑政风，也以政风促进家风。

第四节　家风关系党风

家风和党风乍一看仿佛联系甚微，属于不同范畴、不同领域，但是良好的家风和共产党员的作风建设有着特殊的内在联系。好的家风培育了好的公民、好的共产党员，为社会、为党输送新鲜血液。党风引领着家风的建设，为家风提供前进的方向和道路；同时家风也在侧面反映着党风，家风建设时刻联系着党的建设。我们要掌握好两者之间的内在联系，让两者相互促进，共同发展。

林伯渠是我们党和国家德高望重的领导人之一，邓小平评价他是"彻底的革命派"，林伯渠非常注重在家风之中加强对党风的建设。林伯渠曾经在自己的日记中端端正正地写下"为人民服务，为世界工作"十个大字，并郑重地盖上名章，将其作为时刻警醒自己的座右铭。林伯渠是这样写的，更是这样做的，并以此教育家人。在生活中，他严于律己，家风严明，堪称全党楷模。

无论是在工作还是在日常的生活中，林伯渠都是个公私分明的人，坚决反对搞特殊照顾，他对子女的教育也尤其重视这一点。他对身边工作人员说："高干子弟不躺在父母的功劳簿上，不搞特殊化，这是关系到党的形

象的大问题，也是关系到后代健康成长的大问题。"

当组织上决定让林伯渠的女儿林利去东北工作，林伯渠立即表示赞同，并特别叮嘱道："去东北后，你切不可要求组织上让你和我通电报。"女儿听后十分不解，在战火纷飞的年代，联系远方的亲人实属不易，这唯一的沟通手段父亲也要禁止吗？她后来才得知真正缘由。当时正值战争的关键时期，林伯渠深知电台资源是为解放战争服务的重要工具，绝不能因为一己私情而不顾大局，这是违反原则搞特殊化的表现。就这样，父女二人自分别后就一直音信全无，再次见面已是多年之后。

林伯渠特别注重从小事出发，耐心教导、启发子女，培养他们对人民群众的感情。1938年2月，林伯渠在八路军西安办事处见到了阔别多年的女儿林利。父女一别多年，有很多知心话要谈，可是简单询问了家乡近况后，林伯渠却问道："你知道米多少钱一斤？盐多少钱一斤？布多少钱一尺吗？"听到这些问题，女儿一时语塞。她本以为父亲会给她讲一些革命的大道理，没想到父亲会关心起柴米油盐这些家务事。觉察到女儿的疑惑，林伯渠语重心长地说："这些都是关系广大人民群众生活的事，关心人民，就不能不关心这些事。"林利恍然大悟，明白了父亲的深意。在多年以后，每每回想起这次谈话，林利总是记忆犹新、感触良多。她后来说："父亲同我说的这些话，实际上是给我上了第一堂政治课。"

林伯渠和全天下的父亲一样疼爱自己的孩子，但是疼爱不等于骄纵，而是对他们更好未来的期许和教育。他时常教导子女，"革命的路要自己一步一步地走，依靠父兄，贪图舒服，就谈不上革命"。

在林伯渠的教导之下，他的子女们也都走上了革命的道路。他的儿子林用三毕业于中国人民解放军军事工程学院（现为哈尔滨工程大学），曾担任全国政协副秘书长、内蒙古自治区政府副主席等职。他的女儿林利曾留学苏联，后任中共中央党校教授。无论何时何地，子女们都始终牢记父亲的叮嘱："你们做什么都要靠自己奋斗。"

一、家风连着党员作风培养

家风建设是每个共产党员的必修课。中国自古以来重视人的德行养成，强调礼教，"以德治党"是中国共产党的重要理念。建设良好家风是实现以德治党的基本条件和重要保证。家风是培育党员、干部优秀人品、高尚德行的源头，而党员良好的作风又推动了良好家风的进步。

好家风是每一位共产党员修身齐家的重要基础，优良的家风滋养着共产党员的心灵和智慧，使他们拥有无私奉献的高尚人

格。不仅如此，有良好作风的共产党员管理家庭会更加出色，家中的子女也会以他们为榜样，成长得更加优秀。只有共产党员自身素质硬、作风好、有德行才能对家庭、对社会、对国家做出自己的贡献。

二、家风连着党的群众支持

党自从建立以来就和人民群众保持着密切的联系，家风建设和群众对党的支持两者之间有着密切的关系。孩子从小在家庭中通过父母的教育了解党的发展历程，在幼小的心灵中种下热爱党、支持党、投身党的种子，即使以后不能成为光荣的中国共产党党员，也可以成为党坚定的支持者。尤其是已经成为共产党员的父母，更应该培养自己的子女与人民群众建立深厚的感情。

共产党员只有深入人民生活的内部，和人民群众打成一片，才能全面了解人民群众生活的真实状况，才能有针对性地为百姓做好事，做实事。只有解决了百姓生活中的实际问题，人民群众才能安居乐业，才能真心地拥护中国共产党。

三、家风连着党的廉政建设

廉洁的家风是党的廉政建设的起点。孩子从小在家庭中接受家风的熏染，良好的家风对其价值观念、理想信念、生活作风

的形成起着塑造性的作用。良好的家风始终是杜绝腐败的"防火墙"，廉洁的家风始终是党的廉政建设的重要基点。老一辈共产党人在长期的革命建设和改革过程中积淀出红色家风，他们不仅是守卫国家的功臣，还留下了治家的智慧。

家风：好家风成就好孩子

在刚入职的那几年，四川省德阳市人民防空办公室原主任卢锋能够以一名共产党员的标准严格要求自己，始终保持着良好的工作热情。不幸的是，其原配妻子遭遇车祸因公殉职后，他遇到了现任妻子沈某，重组家庭后，家风却成了一股"歪风"。他的现任妻子是一名律师，不但没有制止卢锋收受钱财的行为，反而参与其中，知法犯法、不断挑战法律底线，运用自身专业法律知识钻法律空子、逃避法律制裁，伙同卢锋共同敛财，致使卢锋为家而贪、因家而腐，最终夫妻双双堕落。对于广大党员干部来讲，家风的清廉不是个人小事，而是事关党风的大事。所以，党员干部一定要重视家风建设，廉洁修身，自觉防范不良风气，在工作中慎用权力，严格按照规章制度办事，坚决不做损害人民、社会利益的事情。干部家属也要起到监督、督促的作用，自觉抵制社会中的不良诱惑，为家庭筑起一道坚固的防腐屏障。培育好的家风，才能推动党风发展，社会才能崇德向前，廉洁清朗。

四、家风连着党的监督治理

严格的家风是全面从严治党的切入点和着手点。家风对党的监督治理主要体现在两方面：一方面是来自社会公民对党员行为的监督。优良的家风为社会培育出一批优秀的、懂事理、明白黑白善恶的好公民，他们通过检举信、网络舆论等形式对党员干部进行监督，从外部对领导干部起到了约束作用，使他们不敢肆意而为。另一方面，优良的家风使党员在内心为自己的行为确定了原则和底线，家族成员也时刻起着劝谏的作用，使其时刻谨记"红线不可越"。

包拯后代没出一个贪官污吏，是因为有好家训好家风。包拯病危去世之前，担心他的后世子孙不能保持包氏清正廉洁的家风，便把自己的夫人、儿媳妇、小儿子叫到床前，立下了遗嘱，并叫人刻在石碑上，放于堂屋的东壁，告诫后世的子孙。包拯家训："后世子孙仕宦，有犯赃滥者，不得放归本家；亡殁之后，不得葬于大茔之中。不从吾志，非吾子孙。"良好的家风对实现从严治党起着重要的作用，我们呼吁以德治家、廉洁清正、文明有礼，发挥家风在反腐倡廉和抵制社会不良风气方面的特殊作用，让家庭成员自觉担当起监督帮助的职责，时刻保持警惕性，在家族中营造出风清气正的良好氛围。

"家风正，则党风端。"家风是道德品行的传承，是影响党风发展的重要因素，家风建设应该是党风建设的突破口。家风影响党员干部的行事作风，而他们的行事作风也影响党风。党员干

部的配偶、子女可以成为他们事业上更上一层楼的助推力，也可以成为他们落马、失去大好前途的重要因素。

因此，家风在党风建设中具有重要的作用。第一，以家庭倡廉来丰富廉政的内容和形式，把监督治理贯穿全过程。我们党重视对党员干部家属的教育工作，尤其希望家庭和亲情可以成为廉政建设的基点，不仅提高家属们自身的素质和修养，让他们在为人处世中把握好分寸，还希望他们能帮助提醒党员干部，明确自身的职责范围，明白什么事可以做，什么事不能做，党员干部家属时刻做好"敲钟人"。

第二，让家风文化成为精神力量的源泉。党员干部要把优秀的家风家训牢记于心，外化于行，自觉坚守为人民服务的初心，时刻谨记行为"红线"。

第五节　家风推进文化建设

文化建设是中国特色社会主义事业发展的重要组成部分，对实现中华民族伟大复兴的中国梦有着重要的作用。家风建设是进行文化建设的最初起点，也是实现文化建设、繁荣精神文明建设的重要推力。文化建设离不开中华传统文化的根源，也离不了现代文化的浸润，更脱离不了广大人民群众对文化的认同感。

中国国家级非物质文化遗产项目"镶嵌（彩石镶嵌）"传承人缪成金的家风就促进了文化的建设。1943年出生的缪成金每天6点起床，8点从温州城区的家中出发，坐公交再搭三轮，一个多小时后，才能赶到位于温州城郊的崇林斋工艺品有限公司，就这样坚持了岁岁年年，风雨无阻。他笑言，一年365天里，360天都是这样的行程。崇林斋坐落在一片农舍中，远处就是农田。来客走进公司大门就能看见院子里的花花草草。深吸几口气，活动一下手脚，缪成金就钻进了生产车间——地上堆着各色石料，沿墙是一字排开的工作桌，桌上摊着图纸、工具、半成品的雕件，车间中央则是几张桌子拼成的大工作桌，用来做彩石镶嵌"大件"时用的。这位

国家级非遗项目传承人，对彩石镶嵌这门技艺钟爱了一生。而今，他仍沉浸在艺术创作中，充实又开心。

儿子缪一川在父亲的厂子里长大，在耳濡目染和父亲的言传身教之下，也练就了一门彩石镶嵌的好手艺。后来，他远赴西班牙闯荡。一次机缘巧合下，西班牙当地的著名画家马鲁艾看到缪一川用来收藏父亲作品的相册，激动地把照片发到社交媒体上，引起艺术家朋友圈的轰动。这件事也让缪一川重新认识到彩石镶嵌的魅力。

回乡探亲时，缪一川决定带着老婆和孩子回到温州，回乡传承彩石镶嵌。由于他本身是学设计出身，还有多年西班牙的经商经验，在了解市场后他发现，创新是打开彩石镶嵌的重要途径。因此，他把彩石镶嵌的未来定位在高端艺术品和日常生活用品上。除了制作传统的屏风、挂屏、箱柜之外，他还设计了彩石镶嵌的首饰盒等小件，同时建立了网站，借助互联网进行市场推广。

在总经理缪一川的努力下，"崇林斋"的订单数与日俱增，甚至将生意做到了国外。缪一川说，他们一直在传承和创新的路上不断探索，虽然现在已经取得了一些成就，但前路漫漫仍需加倍努力。除了坚持传统样式的工艺品创作，他还希望把彩石镶嵌工艺与现代审美结合起来，提高艺术品的生命力和活力，让它们能够更好

地传承下去。

一旁的老缪注视着儿子，一边听一边露出了欣慰的笑容——儿子挑起了"崇林斋"的担子，产品销路也打开了，市场影响力也在不断提高，他为之付出一生的传统技艺，终于后继有人。

一、家风推进文化观念的更新

文化观念的内涵是指生活在较为统一的文化环境下的人，所形成相对一致的、看待事物的观点。随着经济和科技的不断发展，社会中的文化观念也在不断更迭。家庭是对孩子文化观念进行培养的重要场所，家风文化的内涵十分丰富，渗透家庭生活的各个角落，涉及价值观念的形成、娱乐活动的形式、行为准则的制订、家庭成员的关系维系等。2022年1月1日我国开始正式实施《中华人民共和国家庭教育促进法》，这意味着传统道德层面的家庭教育已经不再是家庭自己的事情，而是上升到法律层面、国家层面。

市民马女士坦诚地说，以前她在教育孩子的时候比较急躁，甚至出现过激的行为，觉得家教就是关起门来做的事情。"但是现在再有同样的情况，就要考虑可能触犯法律了，它对我们的行为是一个约束。"市民朱女士是全职妈妈，她觉得新法让"忙"得没时间带孩子的爸爸们再也没了借口。"我在家带孩子，丈夫上班。过去他会借口工作忙，很累，不参与亲子教育。我看新法中有一种说法叫父母共同教育，要求父亲这个角色更多参与。所以不要找借口了，父母都要对孩子的教育负责。"这就表明了家风文化虽然根植于中国传统文化，但是家庭时刻与外部环境相互影响，家族成员不断把时代理念等带入家庭环境中，促进家风观念的发展。同时，社会也可以利用优秀的家风引导人的思想，从而进一步推动文化观念的更新。

二、家风推进文化认同的培育

文化认同一直是被提及的热点话题，它首先涉及的就是"我是谁"的身份认同，即身份定位，其次涉及的是对自己祖国文化的认同感和自豪感。文化认同是最基本的，也是最深层次的认同，它关系到民族的团结、国家的稳定。家风是培养文化认同的重要途径，通过家风的培育，让孩子认识中华民族所共有的精神家园，培养孩子"五十六个民族是一家"的共同体意识，只有对文化认同，才能激发孩子热爱祖国、拥护祖国、为祖国奉献的感情。

例如，《舌尖上的中国》最了不起的地方在于平民的美食观，介绍的美食绝大多数是家常菜。美食绝对是中国人心中的骄傲，它和少年记忆、家乡联系在一起，长大后在外面寻寻觅觅的，是青少年时妈妈天天做的食物，是日常生活中反复与重要的亲人分享的味道。所以，食物能够把人与家乡联系在一起。归根结底，文化认同最难背叛的可能就是胃。例如，有一位大学教授

曾去加拿大一年，一开始住在当地人的社区，想体验本土文化，但最后实在受不了饮食习惯的不同，逃到了华人居住区，大家每周吃着红烧肉，乐此不疲。饮食是非常顽强的文化认同因子。味道触发族群的共同感，触发了对养育我们的家乡和亲人的感恩。正如吃惯了中餐的胃，家风会在孩子的身上打下深深的烙印，虽然文化会因为地区、民族、家庭等因素具有个别性的特点，但是它们存在着共同性，家风就是要教育孩子掌握文化共同具有的特性，增强孩子对它的认同感。

三、家风推进文化传承的步伐

文化传承最好的方式就是通过家庭进行传播。在家风无声的浸润下，孩子也在不知不觉中学习到文化，领悟到文化，甚至会自觉地担当起文化传承的责任。以家风弘扬传统文化，传承传统文化，这是一种不刻意、不强求、不压迫的方式，把传统文化融入小事情和小细节中，不断地对家庭成员进行熏陶，在这种良好的氛围下，孩子能真正对传统文化产生兴趣。家庭可以使孩子热爱传统文化，只有孩子自己对其产生了好奇和兴趣，愿意付出自己的精力和时间去学习、去探索，才能发自内心地热爱，才能真正认识和了解传统文化，才能积极主动地去传承和发扬传统文化。

四、家风推进文化创新的进程

家风不仅可以帮助人认识、了解、掌握、传承传统文化，还能帮助人在已有文化的基础上继往开来，不断创新。文化创新是文化建设的动力来源，文化发展进步的实质就在于文化需要不断去粗取精，去伪存真。

2021年6月20日，河南省"最美家庭"、来自晋宣帝司马懿故里——温县安乐寨村的杨氏三兄弟为自己的小家庭设计了家风LOGO，这种事情并不多见。该家风LOGO主体部分为抽象的"人"字和"维翰堂"三个字，形状如同家庭成员手牵手、肩并肩、心连心，耕读传家，欢聚一堂，共同奋斗，展现了这个大家庭平等、和谐、互助、友爱的精神风貌。随着时代的不断发展，家风建设也会受到外部因素的影响，更多新颖的元素被加入到家风之中，其表现形式、包含内容等都在不断地丰富和扩充。其实，家风文化的建设和更新过程，也是文化创新逐渐推进的过程。但是文化创新并不意味着文化超前发展，而是要脚踏实地、立足自身实际情况，以中华传统文化为基点，坚持文化自信，在社会实践中不断推进文化创新的进程。

家庭是人获得文化熏陶最初的摇篮，家风建设推动着社会的

文化建设。首先，我们可以把中国传统文化、时代先进文化、中外优秀的文化等都融入家风建设中，让孩子从小就能在家风的感染下学会约束自身行为、端正自身思想、规范自身作风、提高自身品德。其次，家长要利用家风唤醒孩子的文化意识，让孩子对中国传统文化产生认同心理，坚定文化自信，培养孩子文化传承和文化创新的能力。最后，让家风推进文化建设，成为文化建设的关键助推力，我们要培育好家风，形成良好民风，营造和谐、文明的现代文化新风尚。

第六节　家风促进文明

社会文明标志着人类社会的开化状态。社会文明是十七大提出的"五个文明"之一，它和物质文明、政治文明、精神文明、生态文明并列，共同反映着社会的进步程度和社会建设的积极成果。家风是社会文明的支撑体，优良的家风会让孩子成长为明事理、守规矩的人。好家风会使孩子受益终身，尤其是在面对来自社会中的各种诱惑时，他们能抵制诱惑，坚守初心，坚守自己的信念和理想。好家风不仅使个人、家庭井然有序，而且还能奠定整个社会的道德基础，营造讲文明、有礼貌的社会氛围。

张其成兄弟姐妹五人都是母亲张舜华一手带大的。他说，母亲内刚外柔、心性仁和，面对工作和生活压力，也从无怨言。父亲李济仁在安徽中医学院工作，由于工作原因待在家里的时间少之又少。母亲用她柔弱的身躯撑起了整个家庭，在事业上鼓励、生活上关心，无论家里遇到什么困难的事情都是一个人扛着，从无一句怨言。

操劳如此，但如果病人远道而来，母亲还经常留病人吃饭，端茶倒水不厌其烦。无论病人在何地，无论白天黑夜，无论自己身体情况多糟糕，她都是随喊随到，

一心救护。就算已经入睡了，遇到有病人请求出诊，母亲也从来没有推辞。

患者治愈后，都主动提出要送锦旗、匾额以表感激，母亲按照外公的指示，从来不收。徽州水运社为了报答母亲，免费在家乡定潭放了几年电影，让当地百姓享受文化盛宴。

"我们兄妹五人都是在母亲的背上长大的。母亲背孩子出诊，步行在蜿蜒崎岖的山路上，成了当地的一道'风景'。母亲喜欢采用新鲜的药材，常常带我们到山上认药、采药，还要我们背诵《药性赋》《中药四百味》《汤头歌诀》。我们家有祖传的'十八罗汉末药'，放学回家做末药成了我和我妹妹、大弟弟的功课，母亲负责炒，我们负责舂和磨。至今想起末药的香味犹沁心脾。"张其成回忆着。张舜华的故事带给我们很多震撼，她值得我们敬佩和学习。她坚守"张一帖"的招牌，完成对父亲张根桂的承诺，47岁才到芜湖与丈夫皖南名医李济仁团聚。这一份信念，使她吃尽了常人难以忍受之苦。

一、家风促进社会主体文明

社会主体文明主要包括个人发展、家庭幸福、邻里和谐、社会和谐四个方面。社会主体文明就聚焦在个人以及个人与周围的关系上。个人自处以及和他人相处的方式离不开家庭的教导和家风对其产生的影响。家风作为实实在在的一种文化存在，深刻影响着一个人的道德准则、为人处世和精神面貌。

从孙子上小学开始，陈闽就和孙子一起保持规律的作息时间，不仅如此，每天清晨起床后，她就带着孙子一起清扫楼道。陈闽所居住的小区年代较为久远，没有修建电梯，并且老年人居多，故而，谁家门口有垃圾，孙子总会主动帮忙带下楼。时间一长，大家都认识了她和孩子，常常把表扬挂在嘴边，孩子听到褒奖，更乐于助人了。孙子的做法同时也影响着和他同龄的其他小朋友，孩子们纷纷向他学习。陈闽希望能帮助孩子们树立起公共道德心，帮助孩子们培养勤劳的美德，她说："一个家庭的成长，是几代人相互影响的结果，只有良好的家风才能培养出优秀的孩子。"孩子的成长离不开家长的言传身教和耐心培养，只有新一代青年人的素质不断提升，才能助力社会整体文明的建设。

二、家风促进社会关系文明

社会关系文明主要涉及人际关系、家庭关系、邻里关系、社团关系以及群体关系。每个人都脱离不了社会关系网络，如何处理复杂的社会关系对人的成长来讲是一件富有挑战性和考验性的

事情。人在面对社会关系时所表现出来的一举一动都体现着家风的深刻影响。

当儿子不断长大，成为"小小男子汉"时，作为母亲的张亚萌对儿子的关爱陪伴和教育引导突然感觉到压力和责任。到小学三年级的时候，以前那个只会跟自己撒娇卖萌的"小不点"仿佛长大了，开始有了自己的"朋友圈"和"小秘密"。儿子对张亚萌不再是服从，而是开始有个人的想法，甚至还会和她产生分歧，例如，儿子有时会玩到很晚才想起回家、和同学会产生冲突、和家人会发生矛盾。一开始，面对儿子的变化，张亚萌感到不适应，不知道应该如何教育孩子。后来，她慢慢意识到成长从来不是孩子自己的事情，作为家长也要在为人父母的道路上不断成长。

良好的家庭氛围和轻松的相处方式会让孩子更愿意换位思考。当孩子处理人际关系出现问题时，耐心恰当的引导，远比大人出面解决或者苦口婆心的说教要好得多，这不仅更加有说服力，而且还会让孩子的感受更深刻。

三、家风促进社会观念文明

社会观念文明包括社会理论、社会心理、社会风尚和社会道德。家庭是个体和社会的纽带和桥梁，孩子从家庭中所接受的价值观会随着他长大成人、步入社会而被带到社会中，影响社会的观念。所以好家风是社会文明建设的关键。

焦裕禄的儿子曾经在看戏的时候，告诉售票员叔叔"焦书记是我爸爸"，所以没有买票就去看戏了。焦裕禄知道后十分生气，立刻召开了家庭会议，命令孩子立即把票钱送到戏院去。随后，焦裕禄同志还研究制订了"干部十不准"，不准有人搞特殊，不能因为干部的身份就"看白戏"。家长即使身居高位也不以权谋私的良好作风为孩子树立了良好的榜样，孩子才不敢有特权思想，在步入社会以后，也会严格按照规章制度办事，勤勤恳恳工作。正是好家风的影响，才使得社会环境积极向上，正气盎然。

四、家风促进社会制度文明

社会制度文明涉及社会制度、社会体制、社会政策、社会法律。讲起制度，最小的、最初开始遵守的就是家庭制度，即家庭成员共同制订需要遵守的规章制度，其作用就是约束家庭成员的行为。自古以来中国的家庭都十分重视对孩子的教养，"国有国法，家有家规"，家规家训是家风文化中重要的组成部分。

遵规守纪！

为了防止有人走后门，周恩来为自己的亲属制订了详尽又细致的十条家规。即，晚辈不准丢下工作专程来看望他；来者一律住招待所；一律到食堂排队买饭菜；看戏以家属身份买票入场，不得用招待券；不许请客送礼；不许动用公家的汽车；凡个人生活上能做的事，不要别人代办；生活要艰苦朴素；不要说出与总理的关系，不要炫耀自己；不谋私利，不搞特殊化。这十条家规体现的既是周恩来对亲属的严格要求，也是他廉洁清正的现实写照。家规规范着人的行为，让人学会守规矩，同样，只有守规矩的人，才能成就一番事业。家风自小就在孩子心中种下了自觉遵守规则的种子，只有人人都能做到自觉遵守社会规则，才会使社会和谐有序，才能使社会制度有威严，才能促进社会文明的进步。

五、家风促进社会行为文明

社会行为文明包括社会活动、社会工作、社会管理三大方面。人的行为可以展示个人的形象，孩子在家风熏陶下获得的观念等都是通过行为来外显的，人的行为能展现出一个人道德水平和素质的高低。家长要多行"不言之教"，不言之教绝不是装样子，不是流于表面和形式，而是俯下身子，贴近实际，以自己的一言一行、一举一动为孩子做榜样，以行动来感染孩子，使其自觉进行学习并信服，树立起家长良好的形象和威信。家风对孩子

行为举止的教养会影响他今后步入社会的表现，故而我们要充分发挥家风对社会行为文明的促进作用。

家风建设和社会行为文明有着重要的联系。好家风是社会行为文明的催化剂，好家风的形成对社会行为文明发展起着事半功倍的作用。首先，我们要培养孩子有文明、讲礼貌的意识。无论是在家里还是在外面，孩子都必须遵守规则，不可做出影响他人的事情。其次，我们要监督孩子的行为。孩子在小的时候对自身的行为缺少是非对错的分辨意识，家长要做好引导、监督的工作。最后，成人要成为孩子行为的榜样。社会文明建设和每一个人都密切相关，我们要发挥自身的作用，为社会文明做出自己的一份贡献。

第三章
家风的典范

中华民族历来重视家庭。正所谓"天下之本在家"。尊老爱幼、妻贤夫安，母慈子孝、兄友弟恭，耕读传家、勤俭持家，知书达礼、遵纪守法，家和万事兴等中华民族传统家庭美德，铭刻在中国人的心灵中，融入在中国人的血脉，是支撑中华民族生生不息、薪火相传的重要精神力量，是家庭文明建设的宝贵精神财富。先辈们将自己治家、教育子女的智慧凝集成家训，在潜移默化的教育之中形成了家风，学习家训、家风就是学习先辈对于家庭文明建设的智慧，这些家训、家风对于现代的家庭文明建设也有很大的借鉴意义。

第一节　曾国藩的家风

曾国藩（1811—1872）是晚清时期的政治家、战略家、理学家、文学家和书法家。曾国藩的《曾文正公家训》是一部宝贵的家庭教育著作，充分地表达了他的家庭教育思想。

曾国藩的家庭教育思想有很多，例如，广为流传的对于子女教育的四条内容："一曰，慎独则心安。二曰，主敬则身强。三曰，求仁则人悦。四曰，习劳则神钦。"慎独则心安，即在任何时候都要严格要求自己，即使是无人监督时也要行事谨慎，不做亏心事，君子应时刻都遵守对自身的严格要求；主敬则身强，即待人接物要做到恭敬谨慎，严格约束自己；求仁则人悦，即追求仁爱之心可以使自己心情愉悦；习劳则神钦，即每天都要劳动，每天的吃穿用度要与自己当天的劳动相匹配，这样神明都会钦佩你。这四条家庭教育的内容是曾国藩家庭教育思想的高明之处，也是曾家子孙一直以来坚持的准则。他的家风思想还体现在重视读书、勤俭持家、为人谦逊这几个方面。

一、愿为读书明理之君子

从曾国藩的家书中可以看出，有很多的内容是他教育子女要努力读书和向他们传授自己的读书经验。其中有一篇写给儿子曾纪鸿的家书，主要内容就是教育儿子要勤勉读书，生活勤俭。

字谕纪鸿儿：

　　家中人来营者，多称尔举止大方，余为少慰。凡人多望子孙为大官，余不愿为大官，但愿为读书明理之君子。勤俭自持，习劳习苦，可以处乐，可以处约，此君子也。余服官二十年，不敢稍染官宦气习，饮食起居，尚守寒素家风，极俭也可，略丰也可，太丰则吾不敢也。

　　凡仕宦之家，由俭入奢易，由奢返俭难。尔年尚幼，切不可贪爱奢华，不可惯习懒惰。无论大家小家，士农工商，勤苦俭约，未有不兴；骄奢倦怠，未有不败。尔读书写字不可间断，早晨要早起，莫坠高曾祖考以来相传之家风。吾父吾叔，皆黎明即起，尔之所知也。

　　凡富贵功名，皆有命定，半由人力，半由天事。惟学作圣贤，全由自己作①主，不与天命相干涉。吾有志学为圣贤，少时欠居敬工夫，至今犹不免偶有戏言戏动。尔宜举止端庄，言不妄发，则入德之基也。

　　　　　　　　手谕（时在江西抚州门外）

　　　　　　　　（咸丰六年九月二十九夜）

---

① "作主"现应为"做主"。

家儉則興 人勤則健
能勤能儉 永不貧賤

曾國藩家訓

在这封写给儿子曾纪鸿的家书中，可以看出曾国藩对于子女的要求，他希望自己的孩子以后不一定要成为达官显贵，但一定要读书明理，勤俭自持，成为君子一样的人。在信中，曾国藩还说，富贵功名一半是由自己的努力决定的，一半是由天命决定的，它是不确定的。所以，曾国藩希望自己的孩子可以勤读书，学做圣贤，只有这条路是自己可以决定的。曾国藩还对孩子严加管教，教育自己的孩子一定要学习家族早起的习惯，每日写字读书也不可间断。除了教育子女读书很重要，曾国藩还教育子女在读书时，不要一味地死记硬背，重要的是理解文章的意思。

在现代的家庭教育之中，有些家长希望孩子以后做大官，成为名人或者赚很多的钱，这些名利一半是靠自己的努力，一半是靠运气，曾国藩很早就发现了这一点。所以，他教育自己的子女要读书，成为读书明理的君子，努力读书绝不怕没饭吃，只有自己有了真才实学才可以在社会中有立足之地。他不是一味地要求孩子当大官，追求名利，那样只会助长孩子的功利之心，不利于其健康成长。

二、惟"勤俭"二字可以持久

"勤俭"二字是曾国藩一直提及和传承的，他在写给儿子曾纪泽的书信中曾言："遭此乱世，虽大富大贵亦靠不住，惟'勤俭'二字可以持久。"意思是说，即使家庭条件优渥，但是身逢乱世也还是要勤俭，"惟'勤俭'二字可以持久"也是

曾国藩在家庭教育之中一再强调的。这一点在他写给侄子的家书中也提到了。

字寄纪瑞侄左右：

前接吾侄来信，字迹端秀，知近日大有长进。纪鸿奉母来此，询及一切，知侄身体业已长成，孝友谨慎，至以为慰。

吾家累世以来，孝悌勤俭。辅臣公以上吾不及见，竟希公、星冈公皆未明即起，竟日无片刻暇逸。竟希公少时在陈氏宗祠读书，正月上学，辅臣公给钱一百，为零用之需。五月归时，仅用去二文，尚余九十八文还其父，其俭如此。星冈公当孙入翰林之后，犹亲自种菜收粪。吾父竹亭公之勤俭，则尔等所及见也。

今家中境地虽渐宽裕，侄与诸昆弟切不可忘却先世之艰难，有福不可享尽，有势不可使尽。"勤"字工夫，第一贵早起，第二贵有恒。"俭"字工夫，第一莫着华丽衣服，第二莫多用仆婢雇工。凡将相无种，圣贤豪杰亦无种，只要人肯立志，都可以做得到的。侄等处最顺之境，当最富之年，明年又从最贤之师，但须立定志向，何事不可成？何人不可作？愿吾侄早勉之也。

荫生尚算正途功名，可以考御史。待侄十八岁，即与纪泽同进京应考。然侄此际专心读书，宜以八股、试帖为要，不可专恃荫生为基，总以乡试、会试能到榜前，益为门户之光。纪官闻甚聪慧，侄亦以"立志"二字，兄弟互相劝勉，则日进无疆矣。顺问近好。

涤生手示

（同治二年十二月十四日）

在这封曾国藩写给侄儿曾纪瑞的信中，曾国藩回顾家族勤俭的历史，以此来告诫侄儿要勤俭、立志。曾国藩写到自己的曾祖父竟希公和自己的祖父星冈公每日都是天不亮就起来读书，一整天都不怎么休息。曾国藩的曾祖父在外求学时，家中给了一百钱零花，以备不时之需，四个月后还剩九十八文，并交给了曾祖父的父亲，可想而知他是多么的节俭。而自己的祖父星冈公虽官至翰林，仍亲自收粪种菜，这样勤俭的家风对于曾氏家族的影响很大。所以，曾国藩在信中告诫侄儿，现在虽然家中条件日渐宽裕，但也不要忘记先祖的勤俭家风，有钱也不可挥霍无度，有权势也不可仗势欺人。"勤"需早起、有恒；"俭"需从日常的生活中节俭，不穿华丽的衣物，不雇太多的侍从。人只要肯立下远大的志向就一定可以成功，况且现在家中处于最顺遂的阶段，明年又师从圣贤，只要肯立志、下功夫，就一定能有所作为，所以曾国藩希望侄儿勤勉读书，侄儿十八岁就可以去参加科举考试。

即使在现代社会中，勤俭的家风也是十分必要的。现代生活中很少有家庭一直保持着早起的习惯，如果父母不为孩子做出表率，孩子也不会养成父母所希望的好习惯。而节俭的良好品格也需要从小培养，这样他们在长大之后面对生活中的大起大落时才

不会因为生活条件的变化而自暴自弃。曾国藩还重视对子女的劳动教育，他时常写信关心子女是否参与劳动，还专门写信向子女提出种菜的要求。

三、以"谦""敬"二字为主

曾国藩信奉儒家思想，所以在曾国藩的家庭教育之中还体现着古代君子的要求。谦谦君子是儒家的追求，同样为人谦逊也是曾国藩家风的内容，曾国藩在家庭教育中多次告诫自己的子女一定要戒骄、戒傲，要"以'谦''敬'二字为主"。他曾专门写信教育自己的儿子曾纪鸿要为人谦逊。

字谕纪鸿：

自尔还湘启行后，久未接尔来禀，殊不放心。今年天气奇热，尔在途次平安否？

余在金陵，与沅叔相聚二十五日，二十日登舟还皖，体中尚适。余与沅叔，蒙恩晋封侯伯，门户太盛，深为祗惧。尔在省以"谦""敬"二字为主，事事请问意臣、芝生两姻叔，断不可送条子，致腾物议。十六日出闱，十七八拜客，十九日即可回家。九月初在家听榜信后，再起程来署可也。择交是第一要事，须择志趣远大者。此嘱。

涤生手示

（同治三年七月二十四日）

在这封写给儿子曾纪鸿的书信中，曾国藩先是关心他的身体情况，而后，曾国藩说到自己晋升的事情，他认为此时家族处于鼎盛时期，一定要谨慎、敬惧。所以，曾国藩教育自己的儿子，一定要以"谦""敬"二字为主，遇到问题要虚心地请教家中的长者，切不可送礼——引来别人的批评。在曾国藩看来，越是处于顺境时，越要低调、谨慎地做事，这样才不会为自己招来不必要的麻烦。除此之外，曾国藩还教育子女"不忮不求"，意思是不嫉妒他人的贤能，不贪求他人的名利。

在日常的家庭教育之中，家长也要注重对子女谦、敬之心的培养。教育子女养成谦虚的好习惯，可以帮助子女拥有更加宽广的胸怀，不局限于眼前的小成就而止步不前。而教育子女常怀谦、敬之心对待他人，也可帮助子女抛弃自己的偏见，与他人相处时获得成长，而不是一味地以自我为中心。同时，谦、敬二字也是面对人生顺境时所必需的品质。

第二节　范仲淹的家风

范仲淹（989—1052）是北宋时期的政治家和文学家。范仲淹的"先天下之忧而忧，后天下之乐而乐"的宝贵思想对后世产生了深远影响。

范仲淹治家甚严，亲定《六十一字族规》和《义庄规矩》，并且专门写《告诸子及弟侄》来教育后人。后代依其训导整理形成了《范文正公家训百字铭》，教导晚辈做人要正心修身、积德行善，教导族人要和睦共处、相扶相助，其内容如下：

孝道当竭力，忠勇表丹诚。兄弟互相助，慈悲无过境。
勤读圣贤书，尊师如重亲。礼义勿疏狂，逊让敦睦邻。
敬长与怀幼，怜恤孤寡贫。谦恭尚廉洁，绝戒骄傲情。
字纸莫乱废，须报五谷恩。作①事循天理，博爱惜生灵。
处世行八德，修身率祖神。儿孙坚心守，成家种善根。

一、孝悌形而家道成

范仲淹强调孝悌在家族兴旺之中的重要性。范仲淹的孝

---

① "作事"现应为"做事"。

悌思想主要有两个方面：一是强调"孝"是指子女对于父母的孝；二是强调"悌"是兄弟之间和谐友爱，夫妻之间各司其职。《家人》篇中，范仲淹言："礼则著而家道正，孝悌形而家道成。""一人之家正，然后天下之家正。天下之家正，然后孝悌大兴焉，何不定之有！"可见，范仲淹对于孝悌思想是极其重视的，并且将孝悌的施行看作是家族和国家兴盛的重要方面。在重视孝悌思想的同时，范仲淹也提出了具体的有关实践孝悌思想的要求。

范仲淹的家族一直重视对孝道思想的传承，范仲淹从小就受到家庭氛围的影响。加之范仲淹幼年丧父，从小跟随母亲生活，所以范仲淹深知母亲的不易，非常孝顺自己的母亲。所以在《范文正公家训百字铭》中，开篇就强调"孝道当竭力"，孝道也是范仲淹家风的重要组成部分。在《告诸子及弟侄》中有一段描写孝道的内容：

> 吾贫时，与汝母养吾亲，汝母躬执爨而吾亲甘旨，未尝充也。今得厚禄，欲以养亲，亲不在矣。汝母已早世，吾所最恨者，忍令若曹享富贵之乐也。

《告诸子及弟侄》讲述了范仲淹在贫困时和妻子一起赡养他的母亲的故事。每次妻子都是亲自烧火做饭，而范仲淹则自己代尝饭菜的咸淡，日子从来没有过得富裕过。后来，范仲淹有了丰厚的俸禄，但是他的母亲却已经不在了，范仲淹的妻子也去世得早，为此他很遗憾，只能让他的孩子们过得好一些。

范仲淹写了此篇《告诸子及弟侄》来告诫自己的子女和侄子要尽心尽力地孝顺自己的父母，及早行孝，不要等到"子欲养而亲不待"时才去后悔自己当初没有对父母尽到孝心。对父母尽孝不一定非要等到自己大富大贵，而是可以从日常的小事做起。对父母的每一次关心、每一次帮助都是对父母尽孝的表现。在父母的心中，子女对他们的关心、爱护和尊重才是他们所看重的。范仲淹用自己的经历来告诉子女，应该怎样孝顺自己的父母。在这样良好的家风之中，范氏家族的子女们各个都恪守孝道，尽心尽力地孝敬自己的父母。

范仲淹十分注重兄弟之间的互相帮助、融洽相处。他不仅重视自己家的子女间的相互帮助，还重视同一宗族的兄弟之间的相互帮扶，这样整个家族才得以长久发展。这一点《告诸子及弟侄》中也有所提及，其内容如下：

> 吴中宗族甚众，于吾固有亲疏，然以吾祖宗视之，则均是子孙，固无亲疏也，尚祖宗之意无亲疏，则饥寒者吾安得不恤也。自祖宗来，积德百余年，而始发于吾，得至大官，若独享富贵而不恤宗族，异日何以见祖宗于地下，今何颜入家庙乎？

这段内容的大意是：在吴中有很多的亲族，对于我来说一定有血缘关系上的亲疏远近。但是在祖宗看来，他们都是自家的子

孙，没有亲疏远近之分。既然祖宗之意不在亲疏远近，那么遇到忍饥受冻的亲戚，我怎么能不去帮助？祖宗百年间都在积德，这些善行实现在我的身上，所以我才可以做大官。如果我独享荣华富贵而不帮助宗族中的其他人，他日我以何脸面去见祖宗，今日又有何脸面进家庙？

在这篇短短的《告诸子及弟侄》中，范仲淹写出了兄弟之间相互帮助的重要性。范仲淹并没有因自己位高权重而放弃与宗族中人来往。他尽心尽力地帮助自己宗族的亲人。这不仅是范仲淹后代人才辈出的原因，也是范仲淹家风世代为人们所敬仰的原因之一。在现代的家庭教育之中，家长们也要注重教育子女和兄弟姐妹之间融洽相处。兄弟姐妹是跟我们有血缘关系的亲人，亲人之间的互相帮助、和谐相处对于整个家族的和谐发展起着很大的作用。

二、用天下心为心

范仲淹曾在《岳阳楼记》中写下"先天下之忧而忧，后天下之乐而乐"的千古名句，这也是范仲淹家国情怀的真情流露。他也曾在《用天下心为心赋》中写道："不以己欲为欲，而以众心为心。"这些都是范仲淹忧国忧民的爱国之情的体现，范仲淹还将先天下之忧而忧的情怀教给了自己的孩子，下面这则故事就是范仲淹教育孩子要忧国忧民的例子。

范仲淹61岁时于杭州任知州，他的儿子纯仁不愿远离年迈的父亲，便弃官回到杭州，陪在父亲身边。在回杭州之后，纯仁听父亲的朋友说父亲有隐退之意，并且劝他要考虑给父亲安排好养老之所。为帮助父亲安度晚年，兄弟几个商议在河南府给父亲建造一处住宅和花园，也算为父亲尽尽孝心。但这遭到了范仲淹的拒绝，范仲淹曾在《岳阳楼记》中提出"先天下之忧而忧，后天下之乐而乐"，向孩子们表达了自己无法无忧无虑地去独自享清福的想法，自己担忧的是应该从高位上下来的人不愿下来。随后，他还问孩子们：那我们将积攒的钱财用来做些什么呢？纯仁说把积攒的钱财像父亲之前所做的那样救济穷苦百姓就很好，并得到了兄弟们的赞成。范仲淹听到之后感到十分欣慰，欣喜于自己后继有人了，并告诫孩子们：将来你们做官，一定要保持咱们的家风，千万不能只顾自己享乐，要做先忧天下之人，为国家和百姓多做些有益的事情。儿子们纷纷表示决不辜负父亲的期望。

　　从范仲淹的这则小故事中可以看出，范仲淹忧国忧民的教育渗透在日常对子女的耳提面命之中。自己不建它邸，而是教育孩子将钱财捐给需要的人，是范仲淹对子女爱国教育的亲身示范。范仲淹对于后代忧国忧民教育的成功，从后人对于范氏家族的研究中也可得知。范氏家族诗文创作的领军人物是范凤翼，他的诗

文著述颇丰，其中描写民生疾苦的诗作有21首，描写政治、战乱、家难、流离之苦的有140余首。他从担任国子监、吏部修职佐郎、户部云南司主事到因与东林党结交直至辞职回乡，其中，民胞物与、行善积德、忧国忧民之情怀始终贯穿于其诗文创作之中。在范仲淹的良好家风的影响下，范氏家族也一直胸怀忧国忧民的爱国之情。

"先天下之忧而忧，后天下之乐而乐"之所以历经千年仍被世人所传诵，正是因为这样的家国情怀是人们所敬仰和需要的。这样的家国情怀是一种境界，是一种气度。教育自己的子女将这种"以天下为己任"的家风传承下去，可以培养孩子为国奉献的担当和责任，能够帮助子女不断地鞭策自己、监督自己，从而使他们更好地完成自己的本职工作。

三、恪守廉俭之风

范仲淹自幼就有节俭的习惯，成人后，他勤俭持家，反对铺张浪费，不但教育自己的儿子要节俭，同时也要求整个家族勤俭持家。范纯仁曾官至宰相，是四个儿子当中官位最高的，他秉承父亲节俭的生活作风，"食不重肉，亦无所择，衣才蔽形体，不事华靡"。范仲淹对于子女的廉俭之风的教育从他对范纯仁的教育中也可以看出，以下就是范仲淹教育范纯仁不要为婚事铺张浪费的例子。

范仲淹的二儿子范纯仁准备娶亲时，觉得结婚是人生大事，父亲又身居高位。纯仁一定要把婚礼办得热热闹闹的，所以他把结婚需要用到的贵重物品列了一份清单，然后把清单送给父亲看，想征得父亲同意。但是范仲淹觉得结婚买这么多东西，有些过于铺张浪费了。纯仁听了觉得很扫兴，便不再言语。于是，范仲淹向纯仁讲述了自己之前艰苦的生活：当年因为贫穷，读书时借住在一所寺庙里，每天熬上一锅稀粥，等到粥凝固了就用筷子分成四块，饥饿时就吃一块，就上几根咸菜而已。即使有钱的同学给他送来好饭好菜，他也不动筷子。他觉得：年轻时过于享乐，将来就吃不了苦……父亲年轻时的经历带给纯仁很大的影响。此后，范仲淹在公务之余，都要抽空和儿子谈这件事情，并且列举了很多名人、名士的例子，教育纯仁要以这些人为榜样，要勤俭节约，始终要保持高尚的操守。最终在父亲的耐心教导下，纯仁改变了原来的计划，节俭地办了婚礼。

　　范仲淹一生勤俭节约，就算是官位再高也没有忘记家中节俭的传统，得知儿子婚礼花费太大时就借机教育孩子一定要节俭。但是，范仲淹的教育并不是严厉的批评和强硬的灌输，而是一点一滴地向儿子渗透要保持节俭的良好家风，这样的教育也更容易被孩子接受。

　　在范仲淹的家风之中还有对为官清廉的传承。他曾写过这样

一封家书来教育自己的家人一定要为官清廉，不能徇私舞弊。

> 三郎官人：
>
>   昨得书，知在官平善。此中亦如常，只是纯佑未全安。汝守官处小心，不得欺事；与同官和睦多礼，有事即与同官议，莫与公人商量。莫纵乡亲来部下兴贩，自家且一向清心做官，莫营私利。汝看老叔自来如何，还曾营私否？自家好，家门各为好事，以光祖宗。频寄书来，言彼动静。将息将息！

在这封家书中，范仲淹先是告诫自己的侄儿做官要处处小心，不得做欺骗他人之事；要与官场上的同事和睦相处，有事情也要与同事商量，不要与衙门里的差役商量；不要纵容乡亲来自己所管辖之地推销取利，一定要清心做官，不要营取私利。范仲淹以自己为例，让侄儿向自己看齐，不谋求私利。他认为，每个家庭都保持好家风，就是在做好事，这样就可以光宗耀祖了。

从范仲淹写给侄儿的家书中可以得知，范氏家族一直是清心做官，不营私利，范仲淹自己也是一生为官清廉。同时他也教育家人们要秉持清廉、节俭之风。在现代社会中，浮躁之心盛行，所以廉俭之风的建设尤为重要。在家庭教育中，家长们也要关注对子女廉俭品行的教育。家长要以身作则，公私分明，勤俭节约，发挥家风对于子女教育的文化指引作用，让子女不仅知道廉俭的道理，而且要自觉地达到廉俭的要求。

第三节　梁启超的家风

梁启超（1873—1929）是中国近代的思想家、政治家、教育家、史学家和文学家。梁启超在家庭教育方面具有的深刻而高明的思想，对后世产生了深远影响。

梁启超不仅有很多学术专著，还写了许多家书，在梁启超的家书中可以看出他的家庭教育思想——既有儒家的克己求仁，还有墨家的勤俭寡欲、吃苦耐劳，兼有老庄的虚静观。其最终目的是让孩子们成为真正健全的人。梁启超的家风还体现了爱国爱家、趣味教育、寒士之风的特点。

一、爱国爱家

"今天下之可忧者，莫中国若；天下之可爱者，亦莫中国若。吾愈益忧之，则愈益爱之；愈益爱之，则愈益忧之。既欲哭之，又欲歌之。"这一段话表明了梁启超的爱国之情。梁启超一家思想行为中最值得人夸耀的地方就是对祖国的热爱，他们一家都是爱国之人。梁启超一生起起伏伏，但是爱国之心恒久不变。不仅如此，他的儿女们也十分爱国，他的9个儿女中有7人曾在国外求学或工作过，他们从小接受

的家庭教育、对本专业知识的掌握使他们都多才多艺，具有较高的文化修养，可以适应西方的生活，他们所具备的能力和素质足以支撑他们进入西方国家的上层社会，享受较高的地位和物质待遇。但是他们全部回到了祖国母亲的怀抱，在不同的工作岗位上为祖国做出自己的贡献，没有出国的两位子女也始终为祖国贡献着智慧才能。

从梁启超子女的学习和工作经历，我们可以看到梁启超对于子女爱国教育的成功。每个子女都在为祖国贡献着自己的力量。父母教育子女热爱自己的祖国，从小培养子女对祖国的感情，长大后子女才能对祖国、对社会有所贡献，实现个人的社会价值。

梁启超的家庭教育中不仅有对于祖国的大爱，还有着对自己家庭的热爱，他的许多家书中都体现出他对亲情的重视，他在书信中多次提到对家中事务的关心。1913年1月15日，梁启超在写给梁思顺的书信中就流露出他对子女的挂牵和对家中事务的关心。

> 第三号察悉，何故忽患不能睡之证，由忧我思我耶，抑由功课太迫，用脑太劳耶？我何劳汝忧，汝忧我是杞人之类耳。功课迫则不妨减少，多停数日亦无伤。要之，我儿万不可病，汝再病则吾之焦灼不可状矣，吾得汝全①愈之报告，吾心乃释也。今属汝叔寄上九百

---

① "全愈"现应为"痊愈"。

元，内八百元充家费，其一百元压岁钱。汝兄弟七人，人十元，廷献及诸外戚人五元。若有余则归汝，仍由汝请群仲吃一顿，若不足则在汝所得之份垫出，吾将来别以他物酬汝，汝母之分吾却不认赔偿，吾知汝母尚有金钱数枚，汝等何不再开一次国会直往要索耶。吾数日来心境大舒，勿远念。

示娴儿。

饮冰十五夕

在这封家书中，梁启超展现了一个顾家父亲的形象。他首先是关心自己孩子的身体——如果最近的功课太多可稍作休息，还是要以身体为主。其次，关心家中事务，安排压岁钱的发放和家中宴请的事情。在一封封家书之中可见梁启超十分疼爱自己的孩子，他在给孩子写信时有时候也会称呼自己的孩子为"宝贝"、"乖乖"、"老白鼻"（baby）等。

家庭是社会的基本单位，是人生的第一所学校。在家庭中，父亲的角色是很重要的，他不仅要承担养家糊口的重担，还要承担对子女的教育责任。父亲对于整个家庭的态度和关心会影响这个家庭的发展。一位慈爱、顾家的父亲也会为自己的孩子树立一个良好的形象，使自己的孩子耳濡目染于这样的家庭氛围之中，长大之后也会养成爱家的品格。

二、趣味教育

梁启超性格风趣，他曾说："假如有人问我，你信仰的是什么主义？我便回答道：我信仰的是趣味主义。"趣味教育是梁启超趣味思想的体现。梁启超充分地尊重孩子的意愿和兴趣，这一点在每个孩子的教育中都体现得很充分。他不仅充分尊重孩子的兴趣，还会根据每个孩子不同的性格特点进行不同的教育和引导。例如，在梁思庄选择专业时，梁启超曾建议她选择生物学，当得知梁思庄对生物不感兴趣时就赶紧写信：

庄庄：

听见你二哥说你不大喜欢学生物学，既已如此，为什么不早同我说？凡学问最好是因自己性之所近，往往事半功倍，你离开我很久，你的思想近来发展方向我不知道，我所推荐的学科未必适合你，你应该自己体察做主，用姊姊哥哥当顾问，不必泥定爹爹的话，但是新学期若已经选定生物学，当然也不好再变，只得勉强努力而已，我很怕因为我的话扰乱了你治学之路，所以赶紧寄这封信。

爹爹

八月五日

后来，梁思庄学习了图书馆学，最终成了一名著名的图书馆

专家。梁启超对于每个孩子的教育都是依据孩子自己的喜好来选择的。梁启超的趣味教育还体现在教学方法上，他不赞成压抑灌输的教育方式，主张充分发挥孩子的特长。同样，梁启超还教育孩子要乐观积极地面对生活。"失望沮丧，是我们生命上最可怖之敌，我们须终生不许它侵入。"

家庭教育中的趣味思想是梁启超教育子女的高明之处。他以自己乐观、积极的心态感染孩子，让孩子在很小的时候就保持乐观的心态，这对孩子的健康成长是有很大帮助的。而梁启超的趣味教育，也启示着现代的父母，在教育孩子的时候不要只关注于孩子学习成绩的提高，最重要的是关注孩子的兴趣和特长。因材施教、扬长避短的教育方法在现代也是依然适用的教育良方。

三、长育于寒士之家庭

梁启超倡导的寒士家风并非指一直过着清贫的生活，他希望自己的子女可以在逆境中拥有寒士的坚毅品格，像寒士一样勤勉、上进。在逆境之中磨炼意志这种思想和孟子的"生于忧患，死于安乐"的思想不谋而合。

> 书及禧柬并收，屋有售（买）主速沽为宜，第求不亏已足，勿计赢也。此著既办，冰泮后即可尽室南来，赁庑数椽，斋盐送日，却是居家真乐。孟子言："生于忧患，死于安乐。"汝辈小小年纪，恰值此数年来无端

度虚荣之岁月，真是此生一险运。吾今舍安乐而就忧患，非徒对于国家自践责任，抑亦导汝曹脱险也。吾家十数代清白寒素，此乃最足以自豪者，安而逐腥膻而丧吾所守耶？此次义举虽成，吾亦决不再仕宦，使汝等常长育于寒士之家庭，即授汝等以自立之道也。吾近来心境之佳，乃无伦比，每日约以三四时见客治事，以三四时著述，余晷则以学书（近专临帖不复摹矣），终日孜孜，而无劳倦，斯亦忧患之赐也。

二月八日

　　在这封家书之中，梁启超先是说了家中卖房子的事情，不求赚钱，只求能回本就不错了。等到春天冰雪融化时，家人就可搬到南方来，租简陋的房子，吃咸菜度日，也是快乐的。而后又讲到孟子的"生于忧患，死于安乐"。他认为，自己的孩子在小小的年纪就过了多年的虚荣生活，真是孩子们的一大险事。而今天舍弃安逸的生活而选择忧患的生活，不仅是为了履行对国家的责任，同样也是帮助孩子们脱险。他还说道：我们家十数代都恪守清白寒素之风，这是我最自豪的，怎么能为了追逐不好的风气而舍弃一直的坚守呢？这次义举虽然成功了，但是我还是想辞去官职，让我的孩子们长育于寒士之家庭，教授你们白立之道。

　　梁启超以"清白寒素"为自豪，用寒士之风来要求自己的子女，使子女们常长育于寒士之家庭，这是为了让自己的子女不要因为眼前的安逸生活而虚度光阴。梁启超以寒士之风来勉

励自己的子女，磨炼子女们的意志，这是梁启超教育儿女的高明之处。不受外在物欲的侵扰，方得心灵的成长。在现代的家庭之中，很少有家长会希望自己的孩子常长育于寒士之家庭。父母总是尽自己的所能，让孩子过上更好的生活。生活在这样的家庭之中，孩子没有体会到父母工作和生活的艰辛，缺乏奋斗的意识，所以在现代的家庭教育之中，家长要注重对孩子意志的磨炼。正如孟子所说："故天将降大任于是人也，必先苦其心志，劳其筋骨，饿其体肤，空乏其身，行拂乱其所为，所以动心忍性，曾益其所不能。"

第四节　陶行知的家风

陶行知（1891—1946）是我国近代的思想家和教育家。他的教育思想对我国近代教育的发展产生了重要影响。

"捧着一颗心来，不带半根草去"是陶行知一生为教育事业奉献自己的真实写照。陶行知先生在教育领域的奉献也深深地感染着自己的孩子。在日常的家庭教育之中，陶行知也用自己的言传身教为孩子们树立了一个好的榜样，陶家良好的家风也慢慢地形成了。

一、知行合一

知行合一一直是陶行知的学习原则，同样他还将这一学习原则教授给了自己的孩子。正如"行是知之始"，既要在实践中学习，同样也应该在学习后进行实践。陶行知教育自己的孩子一定不能只读书，不要做书呆子，一定要学会做人。他曾不止一次在书信中教育自己的孩子们一定不能只读书，书只是认识世界的工具。

桃红①：

接读你3月11日的信和《世界进化论》一篇，晓得你进步得多，我非常欢喜。国文长进全靠多做多读，你照这样干去，以后的进步必定格外迅速。

试验乡村师范已经开学，学生虽然只有16名，但是精神真好。他们自己扫地、抹桌、弄饭、洗碗、打补丁。他们还脱了鞋袜，穿着草鞋种田地。昨天和今天他们还为乡下小学种牛痘，医秃头疮。

我很希望你和小桃②多学做事。我的主张是：有书读的要做事；有事做的要读书。先生不应该专教书，他的责任是教人做人；学生不应当专读书，他的责任是学习人生之道。我要你们做有知识、有实力、有责任心的国民，不要你们做书呆子。

我平安，康健。现在已经组织两个救护队，为的是要救南京附近的人民。

爸爸
1927年3月17日

小桃：

你的3月9日的信，已经收到了。知道你已经考取四年甲，我很欢喜。恭喜，恭喜。现在一般学校只是把小

---

① 桃红，即陶行知的长子陶宏。
② 小桃，即陶行知的次子陶晓光。

学生一个个地变成书呆子。你可要学做事，学做人，不要做书呆子。做事的时候要做什么就读什么书。书只是工具，和锄头一样，都是为做事用的。

爸爸

1927年3月17日

陶行知自己就是一个教育实践家，他提出了著名的生活教育理论："生活即教育，社会即学校，教学做合一。"他不仅重视对于生活教育理论的探索，同样也在实践中运用自己的理论。在这两封写给儿子的信中，陶行知教育他们要做到知行合一——不仅是要求他们将书本所学应用到实际，也让他们在劳动中锻炼自己，在实践中学习知识。陶行知一再强调不能只读书，不能做书呆子，要学做事，学做人。要学习那些对自己做事有用的知识，不能只学习一些书本规定的知识。

"纸上得来终觉浅，绝知此事要躬行。"宋代诗人陆游教育自己的儿子要在实践中检验书本知识，在实践中学习。这与陶行知教育子女要多做事，在实践中锻炼自己的思想有异曲同工之处。在实践中学习也是孩子们走向社会所必备的能力。在学校中学习的知识终究要用到实践之中，所以，家长们在教育子女的时候，不仅要关注他们在校的学习情况，同时也要关注孩子在生活中的表现。家长要尽量多给孩子在实践中锻炼自己的机会，让孩子在实践中检验知识，在实践中获得成长。同时，陶行知还向子女强调，不仅要将自己所学应用于实践，还要学会做人、做事，

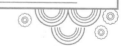

不做不符合道德规范的事情。

二、追求真理做真人

"追求真理做真人"是陶行知的人生信仰，也是陶家的良好家风。陶行知一生都在追求真理的路上，同样，他也教育自己的孩子一定要"追求真理做真人"，不可有丝毫的妥协。下面就是陶行知教育孩子的书信。

晓光：

最近听说马肖生寄了一张证明书给你。他擅自做主，没有经我看过，我不放心。故即于当晚电你将该件寄回，以便审核有无错误，深信你已经遵电照办。现恐你急需文件证明，特由我亲自写了一张，附于信内寄你。你可根据这样证明，找尚达弟力保。我们必须坚持"宁为真白丁，不做假秀才"之主张进行。倘使这样真实的证明不合用，宁可自己出钱，不拿薪水，帮助国家工作，同时从尚达弟及各位学术专家学习。万一竟因证明不合传统，而连这样的工作学习亦被取消，那么，你还是回到重庆。这里有金大电机工程，也许可去，或与陈景唐兄商量，径考成都金大。总之，"追求真理做真人"，不可丝毫妥协。万一金大也不能进，我愿筹集专款，帮助你建立实验室，决不向虚伪的社会学习与妥

协。你记得这七个字，终身受用无穷，望你必须努力朝这方面修养，方是真学问。

育才有戏剧、绘画两组驻渝见习。进步甚快。

行知

一月二十五日

陶行知在这封书信中告诫自己的孩子"宁为真白丁，不做假秀才"。在得知有人给自己的孩子开了介绍信之后，他第一时间不是去感谢，而是让孩子将介绍信寄到他那里，检查介绍信的内容。虽然自己的孩子没有文凭，但也不能因此而造假。与此同时，陶行知还教育自己的孩子，只有真理才是值得追求的。

在家庭教育之中，如果能树立像陶家"追求真理做真人"的家风，那么对于孩子以后的成长是有很大帮助的。孩子在未来的学习和生活之中，将追求真理作为自己的目标和志向，一定会带来很大的精神鼓舞。这样，孩子在面对一些人生的重要抉择时也就有了自己的目标和方向。家长要教育自己的孩子有"追求真理做真人"的志向，但是也不要忘记教育孩子脚踏实地，靠双手去实现目标。

三、友穷、迎难、创造

陶行知一生研究教育理论，办教育过程中经历了很多的困难和艰辛。正是在这样的艰辛中，陶行知创建了自己的教育理论。

家风：好家风成就好孩子

他曾在写给儿子的信中说："你知道我是欢迎困难的一个人。一切困难都以算学解决之。不但经济困难是如此解决，别的困难也如此解决。所以我没有忧愁，仍旧是吃得饱，睡得着。我的身体比你离碚时好了些。虽然没有从前胖，但瘦如梅，骨子里有力量，为何不可？"下面这封信就是陶行知写给自己儿子的，陶行知勉励他要"友穷，迎难，创造"。

晓光：

你的四月十二日的信于昨天收到。宏已于十六日动身去成都。想来此信到时，你们已见面了。达、维没有信来，但推想是平安的。今年三月十五日我对大家说：我们有两位朋友，一是贫穷，二是患难。我们不但是在贫穷与患难中生活，而且整个教育理论都是它们扶养起来的。所以我有六个字供大家勉励：友穷，迎难，创造。一切为创造，创造为除苦。今年儿童节我们是在这种精神中创造了儿童美术馆。在这一个月内，我下定决心要为学校筹足二十万基金，近日每天拜访两人，从容进行，还没有失望过。

祝你

特别保重身体并精神健康！

行知

四月十八日

　　在这封陶行知写给儿子的信中，陶行知告诉自己的孩子，他们不单是在贫穷和患难中生活，而且整个教育理论也是在贫穷和患难中形成的。陶行知告诉儿子，在贫穷和患难中要体会它们带来的帮助和磨炼，而不是怨天尤人。所以，陶行知勉励自己的孩子一定要"友穷，迎难，创造"，做到：把贫穷当作自己的朋友；不畏惧困难，迎难而上；创造属于自己的美好未来。这样的教育使得陶行知的孩子从小就不怕吃苦，从小就懂得要通过自己的创造去除生活中的苦涩。

　　"友穷，迎难，创造"是陶行知勉励子女的生活方法，也是每一个家庭需要坚持的良好家风。教育子女将贫困当作朋友，可以使孩子珍惜家中现有的美好生活，面对家庭经济困难时不会自卑难过。迎难而上是磨炼意志的重要方式，不怕困难、勇敢向前的孩子才能在生活和学习中奋勇向前，勇敢地踏出第一步。陶行知教育子女"一切为创造，创造为除苦"，不仅告诉孩子生活的真正目的，还告诉他们要通过自己的双手来改善生活的意义，此二者相辅相成，缺一不可。

四、人生最大的目的是博爱

　　陶行知是伟大的教育家，而陶家也一直秉持着爱满天下的优良家风。陶行知曾教育自己的孩子："你们不是孤零零的孩子。在你们的周围有着几百、几千、无数的孩子，都是你们的朋友，你们的同伴，你们的服务对象。从家庭的小世界里把自己拔出来，投入大的社会里去，你不久就会乐观、高兴，觉得生活有意义。"在陶行知看来，生活的意义是投身于大社会，帮助更多的人。下面这封信就是陶行知告诉孩子人生的最大目的是博爱。

陶宏：

你给谢士柜信里附来之《圣母歌》已交陈贻鑫。昨晤胡然先生，他说只有胡世珍的声音能唱，大概这次音乐会可以列入这一项节目。

我们在上月看了《安魂曲》，其实这可说是 Mozart[1]之小史，甚为感动，便动员了全体教师、学生、工友自费来看。假使你能找着 Mozart 之 Life，请为育才文库写一册《莫扎特传》。伽利略之剧本可以参考此剧。可惜你在峨眉，若在重庆，则多看进步之话剧，对于你写这剧本，必有帮助。

你的信集，我拟好了一书名叫作《从峨眉山到凤凰山》。不知可中意否？

近来我们深刻地了解，人生最大目的还是博爱，一切学术也都是要更有效地达到这个目的。一天谈及你，冯先生说你曾为要帮助一位苦学生而节省吃鸡蛋的钱来完成这任务。这种行动是高贵的，所以冯先生至今还记得。以后我们仍当向这个方向努力。

① Mozart，即莫扎特，奥地利作曲家。

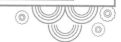

陶行知在信中告诉孩子，无论是做学问，还是做事，最后都要以博爱为目标，使更多的人受益。同时，我们也看到了陶行知的孩子为了帮助一位苦学生，每日省下自己吃鸡蛋的钱来完成这个任务。陶行知在得知了他的做法之后，对他进行了肯定，并鼓励他要将这样的做法保持下去，继续向着博爱的目标努力。教育孩子人生的最大目的是博爱，以博爱之心来帮助他人，回报社会，是陶行知的家庭教育智慧，也是家风建设中很重要的一点。

陶行知也曾写信给自己的儿子陶城，告诉他作为小孩子要知道三件事：第一，做人的大道理要看得明白。第二，遇患难要帮助人。肚子饿让人先吃。没饭吃时，要想法子找出饭来大家吃。第三，勇敢。勇敢地活才算是美的活。可见，就算是在很困难的情况下，即使是没有饭吃，陶行知还是教育自己的孩子要先关心他人，以博爱为人生的最大目的。

第五节　陈鹤琴的家风

陈鹤琴（1892—1982）是我国著名的儿童教育家、儿童心理学家，中国现代幼儿教育的奠基人。陈鹤琴提出了著名的"活教育"理论，重视科学实验，进行了一系列开创性的幼儿教育研究与实践。

陈鹤琴说："普通的小孩子生来虽有种种不同之点，然大抵是相仿佛的。饿则哭，喜则笑；见好吃好看的东西就伸手拿来，见好玩好弄的东西就伸手去玩。""至于知识之丰富与否，思想之发展与否，良好习惯之养成与否，家庭教育实应负完全的责任。"在家庭教育中，陈鹤琴认为，一定要根据儿童的心理特点进行教育，可见陈鹤琴对于家庭教育的重视，陈家也是这样慢慢地形成了相应的家风。

一、诚恳和蔼

陈鹤琴有十个孩子，他一直教育自己的孩子要做懂礼貌、诚恳和蔼的人。陈鹤琴总是用和蔼可亲的态度对待自己的孩子，用自己的言传身教为孩子树立一个诚恳和蔼的父亲形象，陈家和蔼诚恳的家风也在一点一滴的日常相处中形成了。

陈家的几个儿女都是在诚恳和蔼、谦恭有礼的家庭氛围中长大的，所以他们接人待物一向平和。从小到大，所有的孩子都没有被父亲呵斥或者打骂过。孩子们并非天生就懂事听话，他们也曾淘气而又执拗倔强，但是在陈鹤琴温和的耐心教导下，坏毛病都像阳光下的冰块不知不觉地消失了。最小的女儿在五六岁时，因为常在吃饭时把碗放在桌边，一不小心就容易打碎，但父亲从未训斥过她，而是温和地启发她："这个碗应该怎样放呢？"女儿十分聪慧，一下就明白父亲的意思，说："把碗往里放。"儿子小时候贪玩儿，吃饭时常常忽略了要帮助大人，父亲就会说："快要吃饭了，一心，我们应该做些什么呢？"一心立刻就领悟了，便动手帮忙摆放碗筷。陈鹤琴要求孩子们有礼貌，他就要以身作则。他让孩子们帮忙做事，一定会说"谢谢"，出门之前一定会说"再见"，有时孩子们忘了这些时候应该说话，他就会先示范再问孩子们："你们应该讲些什么？"

从陈鹤琴对孩子的日常教育中也可以看出，诚恳和蔼的家庭氛围离不开慈爱的家长形象，慈爱的父亲形象有利于形成父慈子孝的优良家风。父慈子孝一直是中华民族的优良家风之一，也是一种和谐的亲子关系的体现，是建设幸福家庭的基础。

慈爱的父母对孩子开展的家庭教育不是对孩子的溺爱，而是一种严慈相济的爱。我们从陈鹤琴对于孩子的教育中也可以看出，他对孩子的要求还是很严格的。这就要求家长在表现对子女的爱时应讲究方式方法，言传身教，不可溺爱孩子，也不可冷漠地对待孩子。要严慈相济，孩子才会敬重自己的父母，最大限度地增进亲子关系。严慈相济的爱还要求家长要严格教育子女。父母对孩子有教育的责任，教育自己的孩子养成良好的道德品格，使其获得基本的生存技能。

二、体恤他人

陈鹤琴很注重教育孩子体恤他人。陈鹤琴曾说："今日之孩童即他年之成人。今日之孩童不能顾虑他人的安宁，则他年之成人即将侵犯他人的幸福。现在我们中国，自武人政客，以至行贩小卒，无论做什么事，多数人只知利己，罔顾别人。"下面就是陈鹤琴在书中讲述的关于儿子一鸣在家中顾及他人感受的例子。

一鸣出生后的第66周就开始顾虑别人了。他不喜欢戴红色的小帽，他堂哥给他戴时他不愿意，他也不愿意我戴。从前他不愿意吃的东西或者不愿做的事情，他自己不吃不做，也不要求别人。但现在他会要求别人也不吃不做，这就有几分推己及人的意思了。在一鸣2岁零11个月时，有一天清晨他醒来后要吹洋号，我低声告诉他："不要吹，妈妈、妹妹还在睡觉呢！"他听了我的话就不吹了。你要他不要吹洋号的前提就是你要先低声跟他解释

清楚，所谓正己而后能正人。倘若你高声训斥他，那么他肯定不是因为听话才不吹洋号的。还有一次，我吃过饭在客厅里小憩，他进来对他母亲低声说"爹爹睡了"，就不再作声。顾虑别人安宁的动作是逐渐养成的，平时他妹妹在房间中熟睡时，我们进去时必定是蹑手蹑脚的，说话也是低声细语，因为我们的以身作则，他在耳濡目染下也能顾虑到我们的安宁了。有许多小孩子是常常不懂得考虑别人的安宁的，即使是在别人休息或者生病的时候也会大声喊叫；别人交谈时也会吵吵闹闹，使人生厌。这种自私自利、不考虑他人的例子比比皆是，就不再一一列举了。

从陈鹤琴对孩子的教育中可看出，家里有着体恤他人的家风，家长自己总是以身作则地去照顾关心他人的感受，渐渐地，孩子也会耳濡目染，学会去照顾他人的情绪。在有人睡觉时，大家都会安安静静地不打扰别人休息；家中有人生病时，大家也会对他表示同情和施以照顾。正是在这样一点一滴的生活日常中，我们看到了陈鹤琴家中关心他人的良好家风。

照顾他人的感受也是孩子在成年之后要学会的必备技能，而这项技能需要从小就开始培养。孩子在小时候有时不知道自己的行为会打扰到他人，这时父母一定要对孩子进行及时的教育，告诉他关心他人感受的重要性。同时，家长也要像陈鹤琴一样以身作则，和孩子一起采取关心他人的举动，而不是大声地训斥孩子不懂事，要让孩子明白这样的做法会给他人带来快乐。

三、热爱劳动

陈鹤琴在美国约翰斯·霍普金斯大学与哥伦比亚大学师范学院攻读时，抓紧一分一秒学习，连暑假都不休息。他所学的知识后来都有了用武之地：在创办南京鼓楼幼稚园时，他用学过的园艺学布置校园，用学过的养蜂学知识来养蜂；江西幼师经费少，他带着学生种菜、养鸡鸭，做到丰衣足食。陈鹤琴还用他学过的知识深入浅出地编了许多教材和儿童知识丛书。在陈鹤琴的言传身教之下，他的七个子女都很勤奋，大都在十几岁就离家参加工作，或者边上学边工作，以工作所得来贴补生活，没有一个依赖家庭。

陈鹤琴是一个十分勤奋的人，他也总是教育自己的孩子要劳动。同时陈鹤琴还提倡学无常师，认为生活中的很多人都是自己的老师。有一次，陈鹤琴就给自己的两个儿子上了一节与众不同的劳动课。陈鹤琴让自己的两个儿子跟着泥瓦匠学习粉刷墙壁，并对他们说："这几天你们就跟着师傅好好学习。"他跟孩子们一起劳动一会儿就去忙别的事情了。几天过后，陈鹤琴过来看两个儿子，只见墙壁被粉刷得雪白，孩子们也学会了粉刷墙壁的技能。这时，他对自己的孩子说："要知道，人人皆我师，处处有学问啊！"陈鹤琴也总是用这句话教育自己的孩子。陈鹤琴教育自己的孩子要劳动，不仅是让孩子学会一些劳动技能，也是为了培养孩子热爱劳动、尊重他人劳动成果的好品格。最好的家庭教育方式就是父母的言传身教。陈鹤琴不仅教育自己的孩子要劳动，他自己也总是闲不下来，一有时间就会看书或者找点事情做。如果他看到自己的孩子在浪费时间，就会教导自己的孩子要珍惜时间，"一寸光阴一寸金"。

陈鹤琴教育自己的孩子："人人皆我师，处处有学问。"他教育孩子不要觉得刷墙是一项简单的体力劳动，相反，在这样简单的劳动之中也存在着很多的智慧和技巧。我们在劳动中学习不仅能学到一定的知识和劳动技能，最重要的是能学习到独立生活的能力。陈鹤琴自己对于劳动的热爱，也带动了陈家形成热爱劳动的家风。在孩子闲下来的时候，父母适当地交给孩子一些任务，可以让孩子认识到珍惜时间的重要性。

劳动教育是很重要的教育，在现代的家庭教育中，有时家长忽视了孩子的劳动教育。孩子的衣服家长洗，孩子的书包家长帮着整理，就连放学接孩子时，家长也要接过孩子的书包替孩子拿。对于这些日常小事，在孩子上了小学之后，家长就要让他自己来做，这样不仅锻炼他的生存能力，也给了他在劳动中学习的机会。孩子通过自己整理东西，了解到怎样才能有条理地整理东西和分类，在自己规划时间中学会时间管理等。这些在实践中学习到的知识对于孩子以后的生活和工作都有很大用处，而这些知识是不能从书本中真正获得的。

第六节　傅雷的家风

傅雷（1908—1966）是我国著名的翻译家、作家、教育家、美术评论家。《傅雷家书》是重要的家庭教育著作。

傅雷以独特的家庭教育方式教育着自己的子女。傅家的家风不仅体现在平日里对于子女的教育中，还体现在写给子女的家书中，《傅雷家书》是研究傅雷家庭教育思想的主要依据。傅雷对子女的教育体现在各个方面，既对他们进行生活、才智、性格和健康的教育，同时，在道德情操和个人修养方面也对他们提出了极高的要求。

一、注重个人修养

在傅雷的家庭教育中，很重要的一点就是对孩子个人修养的教育，他不仅重视孩子外在的修养，营造一种谦虚、和善、有礼貌的家风氛围，还注重对孩子内在修养的培养。傅雷教育子女要做一个德才兼备的人，同时也教育他们要淡泊名利、洁身自好。下面就是傅雷写给儿子傅聪的一封家书。在这封家书中，傅雷教育儿子傅聪要淡泊名利，永怀赤子之心，不懈努力。

一九五五年一月二十六日

　　早预算新年中必可接到你的信，我们都当作等待什么礼物一般地等着。果然昨天早上收到你的来信，而且是多少可喜的消息。孩子！要是我们在会场上，一定会禁不住涕泗横流的。世界上最高的最纯洁的欢乐，莫过于欣赏艺术，更莫过于欣赏自己的孩子的手和心传达出来的艺术！其次我们也因为你替祖国增光而快乐！更因为你能借音乐而使多少人欢笑而快乐！想到你将来一定有更大的成就，没有止境的进步，为更多的人更广大的群众服务，鼓舞他们的心情，抚慰他们的创痛，我们真是心都要跳出来了！能够把不朽的大师的不朽的作品发扬光大，传布到地球上每一个角落去，真是多神圣，多光荣的使命！孩子，你太幸福了，天待你太厚了。我更高兴的更安慰的是：多少过分的谀辞与夸奖，都没有使你丧失自知之明，众人的掌声、拥抱，名流的赞美，都没有减少你对艺术的谦卑！总算我的教育没有白费，你二十年的折磨没有白受！你能坚强（不为胜利冲昏了头脑是坚强的最好的证据），只要你能坚强，我就一辈子放了心！成就的大小、高低，是不在我们掌握之内的，一半靠人力，一半靠天赋，但只要坚强，就个怕失败，不怕挫折不怕打击——不管是人事上的，生活上的，技术上的，学习上的——打击；从此以后你可以孤军奋斗了。何况事实上有多少良师益友在周围帮助你，扶掖

你，还加上古今的名著，时时刻刻给你精神上的养料！孩子，从今以后，你永远不会孤独的了，即使孤独也不怕的了！

赤子之心这句话，我也一直记住的。赤子便是不知道孤独的。赤子孤独了，会创造一个世界，创造许多心灵的朋友！永远保持赤子之心，到老也不会落伍，永远能够与普天下的赤子之心相接相契相抱！你那位朋友说得不错，动人的艺术表现，一定是从心灵的纯洁来的！不是纯洁到像明镜一般，怎能体会到前人的心灵？怎能打动听众的心灵？

你说常在矛盾与快乐之中，但我相信艺术家没有矛盾不会进步，不会演变，不会深入。有矛盾正是生机蓬勃的明证。眼前你感到的还不过是技巧与理想的矛盾，将来你还有反复不已更大的矛盾呢：形式与内容的枘凿，自己内心的许许多多不可预料的矛盾，都在前途等着你。别担心，解决一个矛盾，便是前进一步！矛盾是解决不完的，所以艺术没有止境，没有完美的一天。唯其如此，才需要我们夜以继日，终生追求苦练；要不然大家做了羲皇上人，垂手而天下治，做人也太腻了！

傅雷在这封家书中没有吝啬对孩子取得成就的赞美，他认为孩子做的事情是件很神圣的事情，同时还不忘教育自己的孩子不要忘记回报祖国，将祖国的声音带向全世界。同时他又教导自己

的孩子，即使现在有了名气，也不可以骄傲自满；相反一定要一直保持谦卑之心，要有"自知之明"。现在虽然有了成绩，但是最重要的还是要坚持下去，坚持不懈地实现自己的梦想。拥有赤子之心的人是拥有纯洁的内心的人，是不怕孤独的，保持自己内心深处的纯洁会创造出更多心灵的朋友。在这封家书的最后，傅雷教育自己的孩子，虽然人生没有完美的一天，但正是这些不完美才是生活的真谛。要努力解决生活中的矛盾，在矛盾中收获成长。

对于孩子个人修养的教育，一直以来都是家风建设的重要方面，一个人的修养也是家风的体现。家长在家庭教育中也要重视对孩子个人修养的教育。首先，一定要教会孩子做人，教育孩子成人是家长义不容辞的责任。其次，在对孩子进行个人修养的教育时，也可以教给孩子一些具体的方法。例如，多进行自我批评，经常内省等。自我修养的提高还有很多的方法和方式，但更需要家长在家中为孩子树立一个具有极高修养的榜样形象。

二、学问为第一位

傅雷特别注重对子女学习上的教育，他不止一次强调要以学业为重。在教育子女以学业为重的时候，傅雷不仅注重对学习内容的挑选，还注重对孩子学习计划和学习时间的制订、安排。在傅聪去国外留学时，傅雷就曾写信说："你对时间的安排，学业的安排，轻重的看法，缓急的分别，还不能有清晰的认识与实践。这是我为你最操心的。"下面就是一封傅雷写给儿子傅聪、教导他要以学业为主的家书。

一九五四年三月二十四日上午

在公共团体中赶任务而妨碍正常学习是免不了的，这一点我早料到。一切只有你自己用坚定的意志和立场，向领导婉转而有力地争取。否则出国的准备又能做到多少呢？——特别是乐理方面，我一直放心不下。从今以后，处处都要靠你个人的毅力信念与意志——实践的意志。

另外一点我可以告诉你：就是我一生任何时期，闹恋爱最热烈的时候，也没有忘却对学问的忠诚。学问第一，艺术第一，真理第一，爱情第二，这是我至此为止没有变过的原则。你的情形与我不同：少年得志，更要想到"盛名之下，其实难副"，更要战战兢兢，不负国人对你的期望。你对政府的感激，只有用行动来表现才算是真正的感激！我想你心目中的上帝一定也是Bach、Beethoven、Chopin①等等第一，爱人第二。既然如此，你目前所能支配的精力与时间，只能贡献给你第一个偶像，还轮不到第二个神明。你说是不是？可惜你没有早学好写作的技术，否则过剩的感情就可用写作（乐曲）

---

① Bach、Beethoven、Chopin，即巴赫、贝多芬、肖邦。

来发泄，一个艺术家必须能把自己的感情"升华"才能于人有益。我不是看了来信，夸张你的苦闷，因而着急；但我知道你多少是有苦闷的，我随便和你谈谈，也许能帮助你廓清一些心情。

在这封家书中，傅雷教育傅聪要以学业为重，学问是第一位的，个人的感情是第二位的。我们从中可以看到傅雷作为父亲对孩子的殷切希望，他不希望因为感情耽误孩子对学问和艺术的追求。一方面，傅雷认为人的精力是有限的，当人对某些事物倾注了太多的心血时，必然会使其他方面的发展缓慢。另一方面，虽然傅雷教育自己的孩子以学业为重，但他也不是完全地否定孩子的情感生活，他还希望孩子将自己的感情用写作的方法发泄出来。一个艺术家将自己的情感升华为有益于他人的作品是作为艺术家很重要的修养。

以学业为主也是现代家长教育子女时经常强调的。以学业为主固然重要，但是家长在教育子女以学业为重时也要像傅雷一样，全方位地关注子女的发展。家长可以在学习上为自己的子女讲授一些学习的方法；还要密切地关注子女的兴趣倾向，在子女明确表示自己有哪方面的兴趣时，应该尽可能地满足孩子，让其大胆地尝试。但是，最主要的还是要教育子女，无论学习什么，最重要的是坚持。在日常生活中，家长也要培养孩子自己安排时间的能力。虽然学业很重要，但是家长也不能让孩子的生活中只有学业一件事，劳逸结合对于孩子的成长也十分重要。同时，对于年幼的孩子，家长还是不要给他们太大的学业负担才好，应该让他们拥有一个美好的童年。

三、懂得欣赏生活的乐趣

傅雷夫妇跟大多数家长一样，都十分关注子女的生活，傅雷总是教育自己的孩子要学会生活，同时也要懂得欣赏生活中的乐趣。这样才会协调好工作、学习和休闲的关系。下面就是傅雷教育自己的孩子要劳逸结合的一封书信。

一九五五年一月九日深夜

说起星期，不知你是否整天完全休息的？你工作时间已那么长，你的个性又是从头至尾感情都高昂的，倘星期日不再彻底休息，我们更要不放心了。

开音乐会的日子，你仍维持八小时工作；你的毅力、精神、意志，固然是惊人，值得佩服，但我们毕竟为你操心。孩子，听我们的话，不要在已经觉得疲倦的时候再force（勉强）自己。多留一分元气，在长里看还是占便宜的。尤其在比赛以前半个月，工作时间要减少一些，最要紧的是保养身心的新鲜，元气充沛，那么你的演奏也一定会更丰满，更fresh（清新）！

在这封信中，傅雷先是肯定了孩子的努力和坚强的意志，又

在后文强调在学习和工作之余一定要注意自己的身体——当感到疲惫时就不要勉强自己，一定要懂得劳逸结合，好好保养自己的身体，让自己充满元气，身体的健康是极其重要的。

"身体是革命的本钱"，有了好的身体才能进行学习和生活。家长在关注孩子学业的同时，一定要注意孩子身体上的发展，让孩子多加强体育锻炼，多进行一些有益的户外活动。在进行运动时，也要注意安全问题，做好防护。同时也要注意，为了让孩子懂得欣赏生活的乐趣，还要让孩子参加一些劳动，让孩子动手做一次手工，做一顿饭等，这些都能让孩子体会生活中简单的快乐。

第四章
好家风推动社会治理

从古至今，中华民族都很重视家风建设，长久以来，家风都是中国社会治理中不可或缺的重要组成部分，好家风在促进社会治理方面发挥着无形的作用，极大地促进了社会的发展。社会治理虽涉及方方面面，但归根到底是人的治理，促进优良家风建设，做新时代合格公民，将有利于大大推进社会的治理效能。

第一节　好家风助力社会建设

压舱石指的是空船时用来稳定重心的材料，以免翻船，现在多指具有稳定性或起稳定作用的事物。如果把社会比喻成一艘大船，那么好家风就是稳定这艘大船的"压舱石"。

北宋的杨家一直秉持着"精忠报国"的优良家风，杨家也是人才辈出。例如，大将杨业、杨延昭等。杨家几代都在为保卫祖国尽心尽力。为此，欧阳修曾赞誉杨家："父子皆为名将，其智勇号称无敌，至今天下之士，至于里儿野竖，皆能道之。"杨家将事迹也流传至今，被人们所传颂。

自古以来，家庭都是社会的基本构成单位，人们生活在千千万万个家庭中。一方面，家庭为人的成长提供生活基础，使人能够生存和延续；另一方面，家庭为人的成长提供文化基础，使人能够成长为社会人，"压舱石"的作用就这样发挥出来了。家庭的文化氛围形成的家风或门风，对家庭成员有着约束和规范的作用，在这种家庭中长期培育形成的文化和道德氛围，极大地感染着每一名家庭成员，从而促进家庭成员的发展。

一、好家风为社会治理加强文化滋养

家庭观念在中国传统文化中有着重要的地位，家是最小国，国是千万家，家风的"家"，既是家庭的"家"，也是国家的"家"。中华民族自古以来视"家"和"国"为一体，家国同构的社会模式是儒家文化赖以存在和发展的社会基础。古人"修身、齐家、治国、平天下"既是个人理想，也反映了"家"与"国"之间的同质联系。

随着社会的发展，好家风作为中华优秀传统文化，不断被赋予新的内涵和精神。家风正，则民风淳；民风淳，则国风清；国风清，则国家兴。好家风是一种习俗，更是一种优秀文化，是中华民族优秀传统文化的重要组成部分，它在潜移默化中滋养着一代又一代的中华儿女。自古以来，凡是有名气的家族，都将家族的命运与国家的命运紧密联系在一起，并将家族的最高价值理念上升至报效国家。

从孔子庭训"不学礼，无以立"到诸葛亮诫子"静以修身，俭以养德"，从岳母刺字"尽忠报国"到朱子家训"恒念物力维艰"，无不承载着家族长辈对后代的希望与嘱托，蕴含着丰富的人生智慧与传统美德。家国同构的社会治理模式以及由此凝结而成的家国一体情怀，使这些人生智慧与传统美德早已融入中国人的精神血脉，成为中华民族生生不息、薪火相传的重要文化力量。

无论是诸葛亮诫子格言、颜氏家训、朱子家训等古代家训、家规、家教，还是革命、建设、改革时期和新时代无数家庭展现出的家国情怀，都反映出家风家教对一个家庭、对一个国家的重要文化意义，也成为新时代加强家庭家教家风建设、加强和创新社会治理的丰厚文化滋养。

二、好家风是推动社会治理的重要基点

"欲治其国者，先齐其家。"好家风是一个人立身处世的行为准则，是一个家庭内在的精神动力，更是一个社会和谐稳定的基石。好家风是加强和创新基层社会治理的重要依托，家风建设在教育引导家庭成员自觉履行法定义务、家庭责任的同时，还承载着独特的社会功能，能辐射影响周围人的思想观念和品格修养。和睦的家庭、严正的家教、朴厚的家风对营造良好社会风尚、维护社会和谐安定具有基础性作用。

好家风中蕴含的尊老爱幼、妻贤夫安、母慈子孝、兄友弟恭、耕读传家、勤俭持家、知书达礼、遵纪守法、家和万事兴等中华民族传统家庭美德，已经铭刻在中国人的心灵中，融入中国人的血脉，是支撑中华民族生生不息、薪火相传的重要精神力量，是促进社会治理的文化基点。天下之本在国，国之本在家，家和则万事兴。国家富强，民族复兴，最终要体现在千千万万个家庭的幸福美满上，体现在亿万人民生活的不断改善上。

三、好家风助力实现中华民族伟大复兴的中国梦

随着我国社会经济的发展和人民生活水平的不断提高，城乡家庭结构和生活方式也随之发生了新变化。但无论时代如何变化，经济社会如何发展，对一个社会来讲，家庭的生活依托作用、社会功能作用及文明传承作用都不可替代。我们要重视家庭文明建设，努力使千千万万个家庭成为人们梦想启航的地方。

当今社会，思想意识、价值观念日趋多元。在家庭教育中，要把培育和践行社会主义核心价值观作为重要内容，教育引导家庭成员尤其是下一代热爱中国共产党、热爱祖国、热爱人民，弘扬社会主义道德观，树立勤学、修德、明辨、笃实的理念，把正确的道德认知、自觉的道德养成、积极的道德实践紧密结合起来，为加强和创新社会治理打牢思想之基。

家是最小国，国是千万家。千家万户都好，国家才能好，民族才能好。好家风是中华民族命运共同体的根基和力量源泉，它为实现中华民族伟大复兴的中国梦凝魂聚气、培育人才、提供精神力量、注入强大动力。好家风铸造民族精神，促进维系各族人民共同生活的精神纽带的形成，是推动中华民族走向繁荣、强大的精神动力！

好家风是爱国主义精神的具体体现。在《傅雷家书》中，傅雷给儿子立下"三不原则"：不说对不起祖国的话，不做对不起祖国的事，不入其他国籍。这是无数好家风的完美呈现，体现出家风中的爱国主义精神，爱国主义作为共同守护中华民族的精神基因，激励着一代又一代中华儿女为祖国繁荣富强，为实现中华民族伟大复兴的中国梦而不懈奋斗。

实现中华民族伟大复兴的中国梦，要靠我们共同努力，从小家、小事、点滴做起。让我们寻求个人层面的"爱国、敬业、诚信、友善"的社会主义核心价值观的最大公约数，找准社会主义核心价值观的坐标，树好家风，聚正能量，在实现中国梦的征程上出彩！

第二节　好家风促进社会发展

新时代要求我们应全面系统地把握社会治理的内涵，及时更新治理理念，坚持治理的基本遵循，深入改革治理体制，丰富完善治理体系，努力实现社会治理体系和治理能力现代化。好家风在社会治理方面发挥着不可替代的作用，将成为社会治理的"起飞坪"。

一、好家风促进社会成员的发展

家风是一种综合的教育力量，它是透过日常生活影响家庭成员的生活习惯、思维方式的一种无形的力量。好家风诉诸"人"这一家庭和社会的共同主体，通过塑造主体人格、培育价值共识、协调社会关系和提高治理效能等环节，发挥对社会治理的推动作用。

中国人一向重视家庭在个人成长过程中的作用，素有"天下之本在家"之说。无论时代如何变化，无论经济社会如何发展，对一个社会来说，家庭的生活依托作用不可替代，家庭的社会功能不可替代，家庭的文明作用不可替代。

家风对孩子们则是一种无言的教诲、无字的典籍，孩子的世界观、人生观、价值观、性格特征、道德素养、为人处世方式等，无不烙上家风的印记！家风可以体现在孩子的言行之中，但凡教育良好的家庭，孩子的行为习惯是不大需要操心的，因为好家风影响孩子的一言一行，无形中已经把孩子教育好了。家风虽然是一些道德教育、礼貌教育、规矩教育，但它是对我们的一种规范、一种熏陶、一种影响。

孩子们从牙牙学语起就开始接受家教，有什么样的家教，就有什么样的人。家庭教育涉及很多方面，但最重要的是品德教育，是如何做人的教育，也就是古人说的"爱子，教之以义方""爱之不以道，适所以害之也"。青少年是家庭的未来和希望，更是国家的未来和希望。中国古代流传下来的孟母三迁、岳母刺字、画荻教子讲的都是家庭的熏陶影响孩子成长的故事。作为家长，应该把美好的道德观念传递给孩子，培养他们做人的气节和骨气，帮助他们形成美好的品格，促使他们健康成长，使其长大后成为对国家和人民有用的人。

家庭教育可以说是一个社会最率先、最基础、最平常的教育方式。中华民族传统文化历来都讲德法相依、德治礼序，可以说，中华民族的精神基因在家风中有着充分的体现。好家风中蕴含的崇德重礼的育人思想，正回应着时代的需求，闪耀着新的现实意义。

二、好家风利于构建学习型社会

一个家庭应重视学习、崇尚知识，父母以自己的言行熏陶子

女，让家庭充满学习气氛，通过学习立身立德、增智强能。以家庭学习风气带动社会学习风气，久而久之，人们的观念会更偏向于对学识和精神的追求，也改变了当今社会盲目追求金钱、权力的风气，对知识的重视和崇尚更会对社会及科学的发展起到积极的推动作用。

拥有好家风的家庭，大多追求学习；有浓厚的读书氛围和良好读书习惯的家庭，会形成读书与追问的家庭风气。学问和智慧就在这种学习氛围中不断增长，在这样的家庭氛围中可以达到人人优秀的效果，而其中的佼佼者就是国家的栋梁之材。曾氏家族从曾国藩一代开始对孩子学习就有严格要求，每天早饭过后，所有孩子就要按点到自家图书楼接受教育，这种学习氛围能使孩子学有所成、学有所长。正因为读书方面的严格要求，家族成员无不认真读书，这样慢慢地形成习惯，相互之间形成比学赶帮的风气，好家风就逐渐形成，然后一直延续下去，促使子孙后代个个在潜移默化的熏陶中顺利成才。

好家风本身就是一部既多彩又鲜活的教科书，伴随着孩子的健康成长，在无形中发挥着教育的功能，对孩子有着耳濡目染、潜移默化的影响，使学习成为孩子在家庭中的自觉行为。学习是一种兴趣，也是一种习惯，更是一种实实在在的快乐，一面屹立不倒的旗帜。一个不热爱读书、不坚持学习的民族是没有前途的。好家风促使学习的自主发生，形成全民读书、终身学习的良好社会氛围，推动学习型社会的构建。

三、好家风为社会发展提供精神动力

好家风能够教育家庭成员把爱家和爱国、小我和大我统一起来，把实现家庭梦融入中华民族伟大复兴的中国梦之中，持之以恒、久久为功，有效发挥家庭的生活功能、教化功能和社会功能。传承和弘扬中华优秀传统家教文化，传递尊老爱幼、男女平等、夫妻和睦、勤俭节约、邻里团结等观念，倡导忠诚、责任、学习、奉献、自律等理念，推动家庭成员在为家庭谋幸福、为他人送温暖、为社会做贡献的过程中提高精神境界、培育文明风尚，从而推动社会发展。

好家风能够把实现个人梦、家庭梦融入国家梦、民族梦之中，大力传播和弘扬中华民族优秀传统文化，弘扬以爱国主义为核心的民族精神和以改革创新为核心的时代精神，培育和践行社会主义核心价值观，可以为实现中华民族伟大复兴的中国梦提供重要精神力量。

四、好家风培养忠诚的领导干部

立家身正、治家从严是中华民族传统优良家风建设的有效方式，教育内容主要是重视对后辈子孙的道德伦埋、克己修身、为官从政等方面的影响。

纪法是成文的道德，遵纪守法是家风建设的底线。好家风能够引导家庭成员自重、自省、自警、自律、亲民众、远贪腐。拥

有"穷则独善其身，达则兼济天下"的个人修养，秉持"先天下之忧而忧，后天下之乐而乐"的人生理想，始终把个人的追求与国家富强、民族振兴、人民幸福作为努力的方向。始终忠诚于家庭，秉持孝道，引导和教育孩子感念父母养育之恩；始终秉持公道，时刻把人民的利益放在首位，引导和教育民众感恩政府，忠诚国家。

党的好干部孔繁森不仅自己一直保持着清正廉洁作风，他还教育自己的孩子不要徇私舞弊，不占用国家的资源。他的亲戚想利用孔繁森的职位之便，借用公家的自行车、购买平价化肥、安排工作等，孔繁森都毅然决然地拒绝了亲戚的要求。他从来没有给自己的亲戚走过一次后门，从来没有做过违反工作规定的事情。不仅如此，他告诫自己的孩子不要占公家的便宜。有一次，孔繁森在教自己的孩子写作业，不小心瞥见了儿子的作业本上印着"工作笔记"四个字。当时，孔繁森就生气地教育自己的孩子："你的本子是从哪里来的？做人不能随便占用公家的资源，如果人人都像你一样，那国家怎么办？"后来儿子坦白本子是财务室的会计送给他的，孔繁森当即说道："不可以，无论是谁都不可占公家的便宜。如果你需要笔记本，我可以给你买。以后无论什么理由都不可以再出现这种情况了。"

新时代的家风建设，要教育孩子做爱国主义的坚守者和传播者，做到忠诚立家，最基本的就是要始终做到忠诚于党、忠诚于国家，以忠诚的品格影响和带动家庭成员。要使孩子充分认同党的领导，认同党的政策观点，使之成长为有理想、有道德、有纪律、有文化的社会主义建设者和接班人，担当民族复兴的大任。

第四章　好家风推动社会治理

第三节　好家风催生社会文明

家风是家族世代相传下来的家庭风气。在讲究孝道人伦的中国，家风是因家庭而产生的独有的一种关涉教育、政治乃至生活的文化。在我国历史上的某一段时间，家族是出仕的重要依据，如魏晋南北朝的动乱时期，大家族的嫡子往往就是优秀政治人物的代表。而随着社会制度的完善和家风文化的发展，家风逐渐成为社会上最常见的一种家庭文化，有力地推动了社会文明的进步。

一、好家风利于弘扬社会主义核心价值观

中华民族历来讲究家国同构，家国情怀一直是中国人安身立命之情结所在。颜氏家训等一批家训家规的许多内容已融入中华民族的精神世界。历史和现实一再告诉人们，良好的家庭教育、良好的家风，能在潜移默化中影响人们的价值观，并被传扬凝聚为顺应时代风尚和历史潮流的优秀文化，不断推动社会向前发展。当前，以家风家教弘扬社会主义核心价值观，是开展社会主义精神文明建设的重要途径，可以为实现中华民族伟大复兴的中国梦提供重要的精神力量。

一个人来到世界上，首先接触的环境就是家庭环境，家庭对一个人的成长成才至关重要，家风影响着个体一生的成长，正是众多家庭的合力，促进了社会的发展和进步。社会主义核心价值观是当代中国精神的集中体现，凝结着全体中国人民共同的价值追求。家风中以和为贵、与人为善、自强不息、诚实守信等价值理念，与社会主义核心价值观的核心内容高度契合。在现实生活中，家风作为培育和践行社会主义核心价值观的重要着力点，将个人、家庭、社会有机联系起来，家风建设应从个人和家庭起步，做好基层社会治理大文章。

以家风为载体培育和践行社会主义核心价值观，能够克服价值观教育"见理论不见人"的弊端，真正将现实生活中的人作为根本，以他们的人格和道德品质的培育为出发点，容易使之在熏陶感染中接受教育，引起共鸣；能够使价值观教育更加形象生动，富有感染性和启发性；能够有效解决价值观理解和教育的断层问题，实现其延续性和持久性。

二、好家风促进思想道德建设

家风是以家庭为范围的道德教育形式，是一种道德文化的传承，作为传承优秀中华文明的微观载体，它以一种无言的教育影响着人们的心灵。家风的培育和建设，事关家庭和睦，事关社会和谐，事关全民族的文明进步，是深化道德建设的有力抓手，对推进公民思想道德建设具有极其重要的意义。家风作为一种精神

力量，它既能在思想道德上约束家庭成员，又能促使家庭成员在一种文明、和谐、健康、向上的氛围中不断发展。

云南省保山市原地委书记杨善洲，虽然出身贫寒，但是一辈子都在为国奉献自己。在他晚年时，虽然到了退休的年纪，但是他并没有选择安享晚年，而是选择将自己的根扎在大山里。他带领着村民植树造林，并将获得的收入全部捐献给国家。杨善洲不仅自己为国奉献，同时还总是以身作则，教育自己的家人要树立为国家奉献的精神，一定要勤奋工作、清正廉洁。

1970年，杨善洲的妻子刚生下孩子，还在坐月子，但是杨家当时粮食不是很多，所以，每次都是将野菜掺着米煮粥喝。乡里的领导听了给杨家送来一些粮票和大米，杨善洲的妻子收下了。后来这件事情被杨善洲知道了，他第一时间不是感谢乡里领导对他的关心，而是把自己的妻子数落了一遍："为什么要收公家送来的粮食？我们家一直清清白白，绝对不无缘无故占用公家的便宜。"后来杨家花了大半年的时间，终于将乡里送的粮票和粮食攒够，杨善洲又还回到了乡里。一次，杨善洲的女儿想考警校，想让自己的父亲帮忙找找以前的熟人走后门，但是杨善洲当时就拒绝了女儿的要求，坚决不走后门。

杨善洲常说："我手中有权力，但它是党和人民的，只能老老实实用来办公事。""老老实实做人，踏踏实实做事。我不图名，不图利，图的是老百姓说没白给我公粮吃。"一次，杨善洲的母亲生病了，他从林场回到家赶紧照顾完母亲之后，还要回到工作单位。外面正在下雨，杨家没有雨靴，他只好用玉米皮包住鞋子防止摔倒，赶紧返回到工作单位去。杨善洲对妻子说："虽然现在家中有难，但是可以克服，房子漏水就多用几个盆子接着。我们家要一直保持清正廉洁的作风，不可以随意占公家的便宜。我们拿的都是国家和人民的钱，我们一定要为国家和人民做事，不可以对不起人民和国家对我的期望。"

但是有一年，杨善洲的老伴生病了，他不得已借用了林场的车将自己的老伴送去医院。事后，他一定要给林场支付车费。他拿出320元支付车费，林场工作人员说，您就用这一次车，不用给钱了。但是，杨善洲执意要将钱给林场的工作人员，并严肃地说："无论是谁用了公家的东西都不能白用，一定要付钱。"后来杨善洲还是将车费还给了林场。

杨善洲不仅对于妻子和女儿很严厉，他对于自己的亲戚也从来都是公正的。一次，妻子的妹妹盖房子缺点木材，找到杨善洲说可不可以去林场砍点木材，杨善洲让她自己去林场申请。她申请下来了，但是一不小心砍多了，需要支付很多的罚款，这时妻子的妹妹又找到杨

善洲，但是杨善洲还是告诉她要服从规定。

杨善洲总是说："作为一名共产党员，一定要坚持原则，只有自己身正才可以教育别人。"他对自己的孩子很严厉，其实也是在对自己的孩子进行教育。他以自己的言传身教将杨家的家风世代地传下去，一直清清白白做人、清清白白做事。

三、好家风促进科学文化建设

科学文化建设要解决的是整个民族的科学文化素质和现代化建设的智力支持问题。《钱氏家训》有言："爱子莫如教子，教子读书是第一义。"在这种好学习家风的影响下，钱氏后裔之中人才辈出，如钱钟书、钱玄同、钱其琛、钱正英、钱君陶、钱昌祚、钱复、钱穆、钱学森、钱伟长、钱三强。

我国著名的科学家钱学森，在国家需要他的时候，放弃了国外优越的生活回到国内，为国家的航天事业做出了巨大的贡献，钱学森的做法也深受钱家良好家风的影响。钱学森的父母注重对他的教育，十分关注他的学习。在钱学森大学毕业之际，他准备出国留学，在临走时钱学森的父亲钱均夫给了钱学森一张纸条，并嘱咐钱学森一定要仔细阅读。走后，钱学森迫不及待地打开纸条，只见父亲写了这样几句话：

"人，生当有品：如哲、如仁、如义、如智、如忠、如悌、如教。吾儿此次西行，非其夙志，当青春然而归，灿烂然而返。"短短几句是父亲对钱学森的期望和教导。这也成为钱学森日后回到国家，参考研制"两弹一星"的深层理由。

家风：好家风成就好孩子

学习能使人开阔眼界、明辨方向、增添力量。读书学习是济世传家的良好方式。在家庭中营造注重学习、勤于读书的良好氛围，可以使家庭书香充盈，进而涤风励德、淳风化俗。

家风深刻影响着家族成员的价值观和道德水准，好家风可以培养出优秀的人才，从而不断促进整个家族的繁荣昌盛，历史上的名门望族都极为重视家风建设，比如诸葛亮的《诫子书》、朱柏庐的《治家格言》等都是家风文化的瑰宝。

第四节　好家风减缓社会冲突

好家风映射出的是中华民族的优秀品质、民族礼仪、气节与情感乃至民族的精神，好家风不论对家庭还是对社会都是一种无法替代的道德力量和行为约束，是维护社会和谐稳定的"减震器"。讲家风其实就是讲社会道德，就是讲社会规范，我们应自觉传承和树立好的家庭风气，进而促进社会风气的建设，维护整个社会的和谐稳定。

一、好家风促进家庭文明建设

家风是建立在家庭内在功能和家教活动之上的精神风貌。宋朝文人赵湘在《南阳集·本文》中言："将教天下，必定其家，必正其身。"家风作为一种特殊的文化现象，彰显的是整个家庭成员的精神风貌、道德操守和文化气质，体现的是家庭成员待人接物的情感态度、价值观念以及行为规范，具有深厚的文化内涵和底蕴。

家风是一个家庭世代传承的道德规范、传统习惯、为人之道、生活作风和生活方式的总和，它体现的是道德的力量。注重家风建设是我国历史上众多志士仁人的立家之本，我国自古就有

很多这方面的著作，《治家格言》《曾国藩家书》等书籍、"孟母三迁""岳母刺字"等故事在民间广为流传，闪烁着好家风的思想光芒。好家风会形成良好的家庭道德氛围、健康的思想氛围、积极的情感氛围、认真的学习氛围、节俭的生活氛围，是促进个人、家庭成长的摇篮。

获得"五好文明家庭"的文红丽一家，总是有着和谐的家庭氛围。夫妻二人结婚多年，没有特别大的争吵，一家人都遵守孝道、尊重包容家中的其他成员，为自己的家庭营造和谐友爱的氛围。丈夫由于工作需要经常出差，文红丽就在家照顾好父母和孩子，不让自己的丈夫担心，做丈夫最坚强的后盾。丈夫因为妻子的支持，事业上也慢慢地有了起色，受到了领导的赏识。与此同时，妻子还是一如既往地尽心尽力，将家中事务打理得井井有条，夫妻二人感情也十分融洽，很少会因为小事而生气、吵架。也正是因为这样和谐的家庭氛围，他们的女儿才会一直生活在包容的环境之中，才会常常对他们说："爸爸妈妈，很感谢你们，我很爱你们。"也总是会帮助他们做一些力所能及的事情。同时，夫妻二人还很重视对女儿的教育，常常教育女儿在学习书本知识之余，看一些具有教育意义的图书和故事。他们还时常带着自己的女儿参加一些公益事业，参加爱心捐款、帮助社区老人办理证件、救助一些需要帮助的弱势群体等。就这样，他们的女儿也从小立志帮助他人、孝敬父母。

文红丽一家在他们身边的朋友中也出了名，所以夫妇二人的朋友们也总是将他们家当作聚会、聊天的好去处，常常来到他们家中做客。人们常说他们两个是模范夫妻，经历那么多事情，最后感情还是很融洽。文红丽说，夫妻二人一定要相互包容和体谅。文红丽还提到，以后也要一直将这样和睦的家风继续传承下去。

二、好家风促进和谐社会建设

好家风是社会和谐的基础细胞。在中华文化传统中，"家"具有独特的地位，家庭是社会的细胞，是人生的第一所学校，弘扬家庭美德、树立良好家风，才能使家庭生活充满乐趣，使社会关系充满和谐。家庭和睦则社会和谐，家庭幸福则国家富强。每个家庭和谐幸福，那么社会才稳定，国家和民族才能繁荣振兴。国家富强，最终要体现在千千万万个家庭的幸福美满上。

倡导建设好家风，不仅对于个人和家庭有利，推广开来也会使整个国家的社会风气随之改善。正如孟子所说："老吾老以及人之老，幼吾幼以及人之幼。"人应当做的就是推广爱和好的品质，使之影响更远的社会成员。"善推其所为"，这样坚持下去，社会一定能蓬勃发展，达天下之大同，中华民族的文明程度将进一步提高。总而言之，建立好的家风将会对社会产生积极的意义。

已是花甲之年的李耀君是甘肃省张掖市高台县城关镇新建东村社区诊所的一名医务工作者。他开办这个诊所就是为了解决社区里一些家庭状况不好的居民"看病难、看病贵、不敢看、不敢病"的情况。1998年，李耀君因身患疾病而没办法继续本职工作，他回到家乡后，发现还有很多的人看不起病。所以，他下定决心要为社区的村民办一个诊所，在自己力所能及的范围内帮助那些身体不好的老人和经济条件不好的家庭。

1999年初，在政府部门的帮助下，李耀君用所有的积蓄开了这家诊所。在这么多年的行医过程中，他从来不乱收费，也从来没有向居民们收取过出诊费、服务费等。他本着能不收费就不收费的原则，只收取必要的医药费，而且在这么多年中，李耀君还一直沿用着国家2005年的医药收费标准。不仅如此，李耀君还为社区的120名老人免费体检，为他们建立健康档案，并跟他们讲清在生活中应该如何保护自己的身体健康。即便逢年过节，只要居民们有需要，一个电话或者口信来了，李耀君就出诊。有时遇到村民手里没有医药费，他也从不生气。

李耀君一家看似是一个普通的家庭，但正是这个普通的家庭给许多的家庭带来了温暖。虽然没有得到什么了不起的奖励，但是李家人用他们的行动践行着"急社区居民

所急，解社区居民所困，想社区居民所想"的誓言。

三、好家风促进好风气的形成

改革开放以来，特别是进入新时代以来，我国生产力水平迅速提升，历史性地解决了绝对贫困问题，进入全面小康时代，但这仅仅是物质方面的改善，精神方面还需进一步提高，表现在家庭方面则是家风建设受到了不同程度的忽视，甚至社会上出现了令人匪夷所思的种种怪象。无论对于公职人员还是普通公民来说，任何一个人的蜕化变质往往就是从生活作风不检点、生活情趣不健康开始的，往往都是从吃喝玩乐这些看似不起眼的地方起步的，这些都与家风缺失不无关系。如果一个家庭或者一个人开始出现生活作风上不检点、不正派的现象，道德情操被打开了缺口，思想出现了滑坡，那必定是家风衰败的开始，必然难以对社会风气起到正面引导和促进作用。

好家风为社会治理提供助力，能弘扬文明新风尚。无论岁月如何流转更迭，家庭始终是一个人品德修养的起点，是塑造个人品格的平台，爱国、仁义、友善、诚信、孝悌……凡此种种，都在日常生活中潜移默化地影响着一个人的精神品格，鼓励人们在优秀家风文化的感召下以实际行动奉献社会，传递力量，弘扬文明新风尚。

第五节 好家风监督社会权力

家风是一个家族价值观代代传承的一种体现，是塑造个人品德，形成良好社会风尚的重要源泉。家风影响着一个人的品质和行为。对处于领导岗位、握有权力的官员来说，良好的家风是监视器，既能实现自我监视，达到"慎独"之境界，又能影响和监督他人，达到清正廉洁的目的。

作为察绥抗日同盟军领导人之一的吉鸿昌一生为官清廉，为当地的人民办实事。1920年吉鸿昌的父亲病重，父亲临走时，给吉鸿昌留下了这样的教诲："当官要清白谦正，多为天下穷人着想，做官就不许发财。否则，我在九泉之下也不能安眠。"父亲去世后，吉鸿昌将做官不许发财印在瓷碗上送给官兵，告诫这些官兵一定要遵守这句话，做官的目的就是为百姓服务，而不是谋求自己的私利。吉鸿昌也一生践行着父亲对他的教导，为官清廉、处处为民众着想。后来，当日本帝国主义入侵中国的时候，吉鸿昌坚定地站出来，抵抗日本侵略者。吉鸿昌正是在这样的家风和良好的家庭教育之中形成了一生为官清廉的品格。这非常值得我们现代的家

庭教育借鉴，家长要为孩子营造一个良好的家庭环境和良好的家风氛围。

一、好家风有利于坚定为人民服务的理想信念

在物质条件大大改善的今天，有的领导干部为人民服务的意识有所淡化，享乐主义、奢靡之风在一定程度上还存在。家风缺失或者衰败的严重后果就是：对于一些手握公权之人来说，他们缺失了"勤政为民"的情操与旨趣；对于普通民众来说，他们缺失了"为人处世"的基本原则与操守。《孔氏祖训箴规》告诫子孙，出来做官要真正感知百姓疾苦，做到克己奉公；《颜氏家训》要求后人重视早教、正途取仕，斥责通过歪门邪道求取官职的行为。

朱德同志当年写诗赞扬我们党领导的解放区"只见公仆不见官"，而他自己就是人民公仆的典范。全国抗日战争爆发后，他在给亲人的家书中说："我虽老已五十二岁，身体尚健，为国为民族求生存，决心抛弃一切，一心杀敌。那些望升官发财之人决不宜来我处，如欲爱国牺牲一切能吃劳苦之人无妨多来。"远在四川老家的母亲八十多岁，生活非常困苦，他不得不向自己的老同学写信求援。他在信中说："我数十年无一钱，即将来亦如是。我以好友关系，向你募两百元中币。"战功赫赫的八路军总司令清贫如此、清廉如此，让人肃然起敬！

不忘初心，牢记使命，职位越高越要忠于人民，全心全意

为人民服务。只有敬畏法律、敬畏纪律、严于律己，在廉洁自律上做出表率，才能担起肩上的重任。作为领导干部，应该明史知理，不能颠倒了公私、混淆了是非、模糊了义利、放纵了亲情，要带头树好廉洁自律的风向标，推动形成清正廉洁的党风，要勤于检视心灵、洗涤灵魂，校准价值坐标，坚守理想信念。

二、好家风有利于推动干部作风建设

从近年来查处的腐败案件看，家风败坏往往是领导干部走向违纪违法的重要原因。领导干部的家风，不是个人小事、家庭私事，而是领导干部作风的重要表现。各级党委（党组）要重视领导干部家风建设，把它作为加强领导班子和领导干部作风建设的一项重要内容，定期检查有关情况。在这里，领导干部个人的作用十分重要。只有领导干部本人能够做到廉以修身、廉以持家，培育良好家风，才能拥有教育督促亲属和身边工作人员走正道的资格、能力与水平。与此同时，领导干部只有做家风建设的表率，把修身、齐家落到实处，并保持高尚道德情操和健康生活情趣，遵纪守法、艰苦朴素，不做任何不道德的事情，才能为全社会做表率。领导干部只有发挥道德模范作用，把家风建设作为自身作风建设的重要内容，弘扬真善美、抑制假恶丑，才能在营造崇德向善、见贤思齐的社会氛围之中发挥出自己应有的作用，才能为政清廉，才能取信于民，才能走得愈来愈远。

2013年7月8日，《深化军委和全军作风建设》一文明确指

出："位高不能擅权，权重不能谋私。要坚持自重、自省、自警、自励，带头遵守廉洁自律各项规定，遵守中央关于领导干部工作和生活待遇等方面的规定。要教育家属、子女不搞特殊化，不打着我们的旗号收受好处，乱说话，乱办事。再一个就是身边工作人员的教育管理问题。看不好身边人，将来可能就会被拖累，造成很大的影响。要按规定解决身边人员的职务和待遇问题，不能搞特殊。"

党员领导干部务必珍惜权力、管好权力、慎用权力。正确行使权力，掌权为公、用权为民，则群众喜、个人荣、事业兴；错误行使权力，甚至滥用权力，掌权为己、用权于私，则群众怨、声名败、事业损。

第六节　好家风助推社会进步

俗话说："清官难断家务事。"从古至今，家务纠纷是最难断案的，它不像经济犯罪或刑事犯罪那样，有迹可循、有法可依，家务事大多是鸡毛蒜皮的小事，人们的判断往往基于道德层面，况且"公说公有理，婆说婆有理"，一般情况下很难处理，但好家风在处理这样的事情时，可谓发挥着无形而又强有力的推动作用。

章奶奶的丈夫很早就去世了，她一个人将三个孩子养大。现在章奶奶已经80岁了，她和最小的儿子一起居住。章奶奶和小儿媳的关系一直很好，从来不吵架。章奶奶和儿媳的关系就像是亲生的母女一样。在章奶奶和其他人聊天时，也从来没有说过儿媳的不好。在外人的眼中，章奶奶家的家庭条件虽然不是最好的，但是章奶奶的家庭却是十分和谐的。几个孩子对母亲都很孝顺，兄弟之间也都相亲相爱。人们也将章奶奶的家庭看作村里的模范家庭。人们总是说"家和万事兴"，实际上，家庭和睦不仅是中华民族的传统美德，也是现代社会所需要的美德传承。

　　中国特色社会主义进入新时代，我们要大力弘扬中华民族传统家庭美德，用好家风涵育道德品行，推动形成爱国爱家、相亲相爱、向上向善、共建共享的社会主义家庭文明新风尚，助力基层社会治理工作。家风建设为基层社会治理提供了文化土壤，能协调基层社会家事纠纷的解决，在推动基层社会自治、德治、法治的建设与发展方面，发挥着不可替代的作用。弘扬优良家风，做好家庭工作，是解决基层矛盾的"最后一公里"，能有效助力基层社会治理。

一、好家风为基层社会治理提供文化支撑

　　中国传统文化中有丰富的养分，将传统家风文化中的精髓和现代化理念结合，向群众普及优良家规家训，能够带动全社会形成一种向上的道德标准和价值取向。

　　重家教、守家训、正家风是中华民族的优良传统。家国一体的情怀，修身、齐家、治国、平天下的思想，早已融入优良家风之中，感染着每一位中华儿女，成为中华民族生生不息、薪火相传的重要精神力量，也成为新时代加强家庭、家教、家风建设，加强和创新基层社会治理的丰厚文化滋养。

　　父之爱子，教以义方；居家戒争讼，讼则终凶；处世戒多言，言多必失；传家两字，曰读与耕；兴家两字，曰俭与勤；安

家两字，曰让与忍……这些优良家风中蕴含的厚德敦伦、教化修身的道德规范，治家睦邻、治学济世的思想理念，崇德尚礼、和而不同的文明智慧，都可以成为新时代加强家庭、家教、家风建设的文化土壤。因此，需要结合新的时代背景，对中华优秀家风进行创造性转化、创新性发展，不断发扬光大，使其与当代文化相适应、与现代社会相协调，讲好新时代的家风故事，进而为基层社会治理提供有力的文化支撑。

二、好家风助力基层自治

基层社会治理是社会治理的最底层、最终端，也是社会治理水平的"试金石"和"显示器"，它直接联系着亿万百姓、联系着千家万户。随着人民对美好生活需要的不断增长，基层社会治理面临的具体问题更为复杂，它是一个共建、共治、共享的过程，需要人民群众广泛、自觉、自主地参与。这就需要建立和完善公共参与的制度框架，让更多的公民通过合法的渠道有序地自主参与基层社会治理，因此，发挥家庭、家教、家风的自治作用，才能更好地确立新时代基层社会治理的新理念、新路径。

好家风促使家庭成员自觉成为基层社会治理的参与者。我国已经构建了新型的家庭关系，赋予了家庭建设新的内涵。家庭作为基层社会治理的基本单位，不是被动的接受者，而是重

要的参与者和推动者。自治是基层社会治理的重要途径和最终目的，家庭成员是基层社会自治的主体。传承优良家风，听取家庭建议，汲取家庭智慧是基层自治的又一重要途径。讲好家风故事，传播治家格言，促进家庭内部及家庭之间的自我管理、自我教育和自我服务，以家风带民风，以民风促乡风，使乡村社区呈现遵纪守法、崇德向善、风清气顺、文明和谐的良好局面。

现实中，可以开展弘扬"好家风好家训"活动，组织社区群众讲好家风故事，传播治家格言，发扬中华民族传统家庭美德，以家风带乡风、促作风、践行风，形成"家家有家训，户户好家风"的良好氛围，营造开放向上、健康自由的优良社会秩序和新风正气。要建设有德守法的好家庭，促使家庭中每个成员都形成强大的内生动力，自觉自愿地维护社会秩序，邻里之间互帮互助，家庭成员相亲相爱，呈现和谐、积极向上的良好局面，从而达到自治、德治、法治的有机统一，实现基层社会治理的良好境界。

三、好家风助力基层德治与法治

德治和法治是人类社会治理的基本路径，是推进社会治理发展的保障。缺乏德治的法治，容易走向集权与专制，而没有法治的德治，则容易走向混乱和无序。从《新时代公民道德建设实

施纲要》明确提出"用良好家教家风涵育道德品行"，到《中华人民共和国民法典》确立"家庭应当树立优良家风，弘扬家庭美德，重视家庭文明建设"的原则性规定，都为新时代家庭家教家风建设提供了制度保障，为基层社会治理实践指明了重要方向，开辟了新的路径。这要求人们应自觉提升道德修养和法治素养，将道德规范和法律约束有机统一起来，善于运用法治解决道德领域存在的突出问题，使社会形成良好的文明风尚，从而营造良好的基层社会治理环境。

家风蕴含着人伦秩序、修身存养、家国天下等精神文化理念，《周氏家训》提倡"报国忠廉节，传家孝义纯"，诸葛亮在《诫子书》中告诫其子"夫君子之行，静以修身，俭以养德，非淡泊无以明志，非宁静无以致远"，这些优良家风是中华民族宝贵的精神财富，是新时代家风文化建设的基础，有助于提升现代公民的道德文化涵养。家风常常通过家规、家训等载体，从修行、励志、为学等方面对家庭成员该做什么、不该做什么进行规范。

基层治理要有效化解各类矛盾纠纷，须致力于公民核心价值观的塑造，这就需要充分发挥家风的德治功能。家风在很大程度上能约束人们的行为，与法治的功用不谋而合。好家风不仅能承担起守护社会共有价值观念的责任，还是我国诸多法律理念的重要来源。

家风虽属道德范畴的教化，但历史上无数次的礼法之争、德刑之辩，都证明了道德教化与法律治理在本质上的殊途同归。从对公民行为规范的调整效果上，法律是通过立法的形式以承担不利后果来介入公民行为，而道德教化则是通过公民的内心信念、社会舆论对违背伦理操守的行为进行谴责，弥补着法律调整的空白地带。